面向新工科5G移动通信"十四五"规划教材

总主编◎张光义 中国工程院院士

光通信原理
及应用实践（第二版）

徐　巍　徐志斌　舒雪姣　魏聚勇◎编著

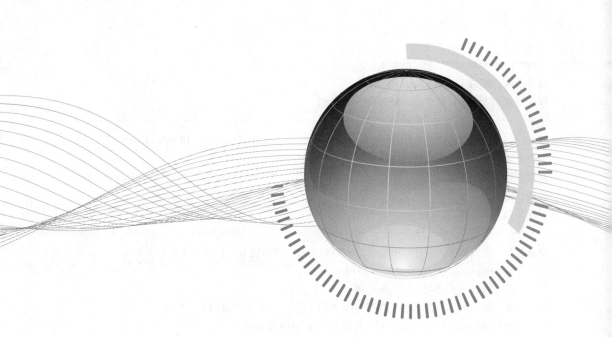

中国铁道出版社有限公司

CHINA RAILWAY PUBLISHING HOUSE CO., LTD.

内 容 简 介

本书分为理论篇、实战篇和工程篇三部分,其中理论篇全面讲解了光纤通信技术的基础知识、光纤与光缆的相关知识、光纤通信相关器件和光纤通信网络;实战篇讲解了光纤通信常用仪表使用和光纤通信设备;工程篇通过光纤中断案例的分析讲解光纤通信网管系统的使用,以及光纤通信工程设计。本书突出理论够用、注重实用的特点,注重培养读者思考、解决问题的能力,使读者真正做到学以致用。

本书适合作为普通高等院校通信相关专业的教材和光传输技术的培训教材,也可作为工程技术人员的参考书。

图书在版编目(CIP)数据

光通信原理及应用实践/徐巍等编著. —2 版. —北京:
中国铁道出版社有限公司,2023.8(2024.9 重印)
面向新工科 5G 移动通信"十四五"规划教材
ISBN 978-7-113-30288-7

Ⅰ.①光…　Ⅱ.①徐…　Ⅲ.①光通信-高等学校-教材
Ⅳ.①TN929.1

中国国家版本馆 CIP 数据核字(2023)第 100910 号

书　　名:光通信原理及应用实践
作　　者:徐　巍　徐志斌　舒雪姣　魏聚勇

策　　划:韩从付　　　　　　　　　　　　　编辑部电话:(010)63549501
责任编辑:贾　星　彭立辉
封面设计:尚明龙
责任校对:刘　畅
责任印制:樊启鹏

出版发行:中国铁道出版社有限公司(100054,北京市西城区右安门西街 8 号)
网　　址:https://www.tdpress.com/51eds/
印　　刷:河北京平诚乾印刷有限公司
版　　次:2020 年 3 月第 1 版　2023 年 8 月第 2 版　2024 年 9 月第 2 次印刷
开　　本:787 mm×1 092 mm　1/16　印张:13.5　字数:344 千
书　　号:ISBN 978-113-30288-7
定　　价:45.00 元

编委会

委　　员：(按姓氏笔画排序)

方　明	兰　剑	吕其恒	刘　义
刘丽丽	刘海亮	江志军	许高山
阳　春	牟永建	李延保	李振丰
杨盛文	张　倩	张　爽	张伟斌
陈　曼	罗伟才	罗周生	胡良稳
姚中阳	秦明明	袁　彬	贾　星
徐　巍	徐志斌	黄　丹	蒋志钊
韩从付	舒雪姣	蔡正保	戴泽淼
魏聚勇			

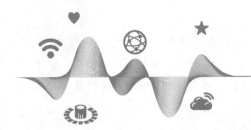

序 一

全球经济一体化促使信息产业高速发展,给当今世界人类生活带来了巨大的变化,通信技术在这场变革中起着至关重要的作用。通信技术的应用和普及大大缩短了信息传递的时间,优化了信息传播的效率,特别是移动通信技术的不断突破,极大地提高了信息交换的简洁化和便利化程度,扩大了信息传播的范围。目前,5G通信技术在全球范围内引起各国的高度重视,是国家竞争力的重要组成部分。中国政府早在"十三五"规划中已明确推出"网络强国"战略和"互联网+"行动计划,旨在不断加强国内通信网络建设,为物联网、云计算、大数据和人工智能等行业提供强有力的通信网络支撑,为工业产业升级提供强大动力,提高中国智能制造业的创造力和竞争力。

党的二十大报告指出:"教育、科技、人才是全面建设社会主义现代化国家的基础性、战略性支撑。必须坚持科技是第一生产力、人才是第一资源、创新是第一动力,深入实施科教兴国战略、人才强国战略、创新驱动发展战略,开辟发展新领域新赛道,不断塑造发展新动能新优势。"近年来,为适应国家建设教育强国的战略部署,满足区域和地方经济发展对高学历人才和技术应用型人才的需要,国家颁布了一系列发展普通教育和职业教育的决定。2017年10月,习近平总书记在党的十九大报告中指出,要提高保障和改善民生水平,加强和创新社会治理,优先发展教育事业。要完善职业教育和培训体系,深化产教融合、校企合作。2022年1月召开的2022年全国教育工作会议指出,要创新发展支撑国家战略需要的高等教育。推进人才培养服务新时代人才强国战略,推进学科专业结构适应新发展格局需要,以高质量的科研创新创造成果支撑高水平科技自立自强,推动"双一流"建设高校为加快建设世界重要人才中心和创新高地提供有力支撑。《国务院关于大力推进职业教育改革与发展的决定》指出,要加强实践教学,提高受教育者的职业能力,职业学校要培养学生的实践能力、专业技能、敬业精神和严谨求实作风。

现阶段,高校专业人才培养工作与通信行业的实际人才需求存在以下几个问题:

一、通信专业人才培养与行业需求不完全适应

面对通信行业的人才需求,应用型本科教育和高等职业教育的主要任务是培养更多更好的应用型、技能型人才,为此国家相关部门颁布了一系列文件,提出了明确的导向,但现阶段高等职业教育体系和专业建设还存在过于倾向学历化的问题。通信行业因其工程性、实践性、实时性等特点,要求高职院校在培养通信人才的过程中必须严格落实国家制定的"产教融合,校企合作,工学结合"的人才培养要求,引入产业资源充实课程内容,使人才培养与产业需求有机统一。

二、教学模式相对陈旧，专业实践教学滞后比较明显

当前通信专业应用型本科教育和高等职业教育仍较多采用课堂讲授为主的教学模式，学生很难以"准职业人"的身份参与教学活动。这种普通教育模式比较缺乏对通信人才的专业技能培训。应用型本科和高职院校的实践教学应引入"职业化"教学的理念，使实践教学从课程实验、简单专业实训、金工实训等传统内容中走出来，积极引入企业实战项目，广泛采取项目式教学手段，根据行业发展和企业人才需求培养学生的实践能力、技术应用能力和创新能力。

三、专业课程设置和课程内容与通信行业的能力要求多有脱节，应用性不强

作为高等教育体系中的应用型本科教育和高等职业教育，不仅要实现其"高等性"，也要实现其"应用性"和"职业性"。教育要与行业对接，实现深度的产教融合。专业课程设置和课程内容中对实践能力的培养较弱，缺乏针对性，不利于学生职业素质的培养，难以适应通信行业的要求。同时，课程结构缺乏层次性和衔接性，并非是纵向深化为主的学习方式，教学内容与行业脱节，难以吸引学生的注意力，易出现"学而不用，用而不学"的尴尬现象。

新工科就是基于国家战略发展新需求、适应国际竞争新形势、满足立德树人新要求而提出的我国工程教育改革方向。探索集前沿技术培养与专业解决方案于一身的教程，面向新工科，有助于解决人才培养中遇到的上述问题，提升高校教学水平，培养满足行业需求的新技术人才，因而具有十分重要的意义。

本套书第一期计划出版 15 本，分别是《光通信原理及应用实践》《综合布线工程设计》《光传输技术》《无线网络规划与优化》《数据通信技术》《数据网络设计与规划》《光宽带接入技术》《5G 移动通信技术》《现代移动通信技术》《通信工程设计与概预算》《分组传送技术》《通信全网实践》《通信项目管理与监理》《移动通信室内覆盖工程》《WLAN 无线通信技术》。套书整合了高校理论教学与企业实践的优势，兼顾理论系统性与实践操作的指导性，旨在打造为移动通信教学领域的精品图书。

本套书围绕我国培育和发展通信产业的总体规划和目标，立足当前院校教学实际场景，构建起完善的移动通信理论知识框架，通过融入黄冈教育谷培养应用型技术技能专业人才的核心目标，建立起从理论到工程实践的知识桥梁，致力于培养既具备扎实理论基础又能从事实践的优秀应用型人才。

本套书的编者来自中国电子科技集团、广东省新一代通信与网络创新研究院、南京理工大学、黄冈教育谷投资控股有限公司等单位，包括广东省新一代通信与网络创新研究院院长朱伏生、中国电子科技集团赵玉洁、黄冈教育谷投资控股有限公司徐巍、舒雪姣、徐志斌、兰剑、姚中阳、胡良稳、蒋志钊、阳春、袁彬等。

本套书如有不足之处，请各位专家、老师和广大读者不吝指正。希望通过本套书的不断完善和出版，为我国通信教育事业的发展和应用型人才培养做出更大贡献。

张光义

2022 年 12 月

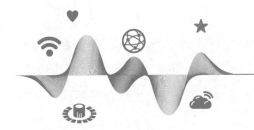

现今,ICT(信息、通信和技术)领域是当仁不让的焦点。国家发布了一系列政策,从顶层设计引导和推动新型技术发展,各类智能技术深度融入垂直领域为传统行业的发展添薪加火;面向实际生活的应用日益丰富,智能化的生活实现了从"能用"向"好用"的转变;"大智物云"更上一层楼,从服务本行业扩展到推动企业数字化转型。中央经济工作会议在部署 2019 年工作时提出,加快 5G 商用步伐,加强人工智能、工业互联网、物联网等新型基础设施建设。5G 牌照发放后已经带动移动、联通和电信在 5G 网络建设的投资,并且国家一直积极推动国家宽带战略,这也牵引了运营商加大在宽带固网基础设施与设备的投入。

5G 时代的技术革命使通信及通信关联企业对通信专业的人才提出了新的要求。在这种新形势下,企业对学生的新技术和新科技认知度、岗位适应性和扩展性、综合能力素质有了更高的要求。从相关调研与数据分析看,通信专业人才储备明显不足,仅 10% 的受访企业认可当前人才储备能够满足企业发展需求。相关的调研显示,为应对该挑战,超过 50%的受访企业已经开展 5G 相关通信人才的培养行动,但由于缺乏相应的培养经验、资源与方法,人才培养投入产出效益不及预期。为此,黄冈教育谷投资控股有限公司再次出发,面向教育领域人才培养做出规划,为通信行业人才输出做出有力支撑。

本套书是黄冈教育谷投资控股有限公司面向新工科移动通信专业学生及对通信感兴趣的初学人士所开发的系列教材之一。以培养学生的应用能力为主要目标,理论与实践并重,并强调理论与实践相结合。通过校企双方优势资源的共同投入和促进,建立以产业需求为导向、以实践能力培养为重点、以产学结合为途径的专业培养模式,使学生既获得实际工作体验,又夯实基础知识,掌握实际技能,提升综合素养。因此,本套书注重实际应用,立足于高等教育应用型人才培养目标,结合黄冈教育谷投资控股有限公司培养应用型技术技能专业人才的核心目标,在内容编排上,将教材知识点项目化、模块化,用任务驱动的方式安排项目,力求循序渐进、举一反三、通俗易懂,突出实践性和工程性,使抽象的理论具体化、形象化,使之真正贴合实际、面向工程应用。

本套书编写过程中,主要形成了以下特点:

(1)系统性。以项目为基础、以任务实战的方式安排内容,架构清晰、组织结构新颖。先让学生掌握课程整体知识内容的骨架,然后在不同项目中穿插实战任务,学习目标明确,实战经验丰富，对学生培养效果好。

（2）实用性。本套书由一批具有丰富教学经验和多年工程实践经验的企业培训师编写，既解决了高校教师教学经验丰富但工程经验少、编写教材时不免理论内容过多的问题，又解决了工程人员实战经验多却无法全面清晰阐述内容的问题，教材贴合实际又易于学习，实用性好。

（3）前瞻性。任务案例来自工程一线，案例新、实践性强。本套书结合工程一线真实案例编写了大量实训任务和工程案例演练环节，让学生掌握实际工作中所需要用到的各种技能，边做边学，在学校完成实践学习，提前具备职业人才技能素养。

本套书如有不足之处，请各位专家、老师和广大读者不吝指正。以新工科的要求进行技能人才培养需要更加广泛深入的探索，希望通过本套书的不断完善，与各界同仁一道携手并进，为教育事业共尽绵薄之力。

2022 年 12 月

前　言

当前通信网业务的主体为 IP 业务,为了更好地承载 IP 数据业务,光传送技术一直在发展各种 IP 承载技术,如 PTN、IPRAN、OTN、SPN 等。正是在这种环境下,为了与通信企业人才需求接轨,也为了能为各厂家、运营商公司培养更多优秀的传输工程技术人员,特组织编写了本教材。

本书依据普通高等院校通信相关专业人才培养方案,针对光传输技术的特点编写,突出教材理论够用、注重实用的特点。本书包括理论篇、实战篇、工程篇三部分,共分八个项目进行讲解。

项目一主要讲解光纤通信基础知识,包括光纤通信的发展历史,光纤通信的系统组成、分类、主要特点、性能指标及应用等基本知识。项目二主要讲解光纤和光缆,包括光纤的结构、光纤的类型、光纤的特性以及光缆的结构和施工。项目三主要讲解光纤通信相关的无源和有源器件知识。项目四主要讲解光纤通信网络所使用的主要技术,包括 SDH、DWDM、PTN、OTN、PON、SPN 等。项目五主要讲解光纤通信机房的基本配置设备和器件,以及光功率计、光时域反射仪、光纤熔接机等光纤通信工程中常用的仪器使用知识。项目六通过讲解中兴 PTN 设备 ZXCTN 系列和中兴 OTN 设备 ZXONE 系列产品知识讲解光通信产品的参数、特点以及网管系统的功能。项目七针对光传输网的故障处理,讲解网络的日常性能维护、故障定位处理及典型故障案例。项目八讲解光纤通信工程中的光缆线路设计工程、线路勘测及绘图、通信建设工程概预算等相关知识。

本书配套资源丰富,部分知识点旁边有二维码,读者可以扫码观看微视频讲解,课件、实训手册、题库、课程标准、课程大纲等资源可以到中国铁道出版社教育资源数字化平台免费下载,网址为 http://www.tdpress.com/5leds/。

本书由徐巍、徐志斌、舒雪姣、魏聚勇编著,其中项目一、项目二、项目三由徐巍撰写,项目四、项目五由徐志斌撰写,项目六、项目七由舒雪姣撰写,项目八、附录 A 由魏聚勇撰写。

本书既注重培养学生分析问题的能力,也注意培养学生思考、解决问题的能力,使学生真正做到学以致用。在本书的撰写过程中,我们吸收了相关教材及论著的研究成果,在此,谨向通信学界的师友、同仁及作者表示衷心的感谢!

由于通信技术发展迅速,加之编著者水平有限,书中难免存在疏漏和不妥之处,敬请广大读者批评指正。

编著者
2023 年 3 月

目 录

理论篇

实战篇

理 论 篇

引言

1841 年, Daniel Colladon 和 Jacques Babinet 这两位科学家做了一个简单的实验:

在装满水的木桶上钻个孔, 然后用灯从桶上面把水照亮。结果使观众大吃一惊。人们看到, 水从水桶的小孔里流了出来, 水流弯曲, 光线也跟着弯曲。这一现象, 叫作光的全内反射作用。即光从水中射向空气, 当入射角大于某一角度时, 折射光线消失, 全部光线都反射回水中。表面上看, 光好像在水流中弯曲前进。实际上, 在弯曲的水流里, 光仍沿直线传播, 只不过在内表面发生了多次全反射, 光线经过多次全反射向前传播。

1880 年, Alexander Graham Bell 发明了"光话机"。贝尔将太阳光聚成一道极为狭窄的光束, 照射在很薄的镜子上, 当人们发出声音的"声波"让这面薄镜产生振动时, "反射光"强度的变化使得感应的侦测器产生变动, 改变电阻值。而接收端则利用变化的电阻值产生电流, 还原成原来的"声波"。不过, 他的这项发明仅能传播约 200 m, 因为由空气传递的光束, 光线强度仍会随距离增加而迅速减弱。

1887 年, 一位叫 Charles Vernon Boys 的科学家, 在一根加热过的玻璃棒附近放了一张弓, 当玻璃棒足够热时, 把箭射出去, 箭带动热玻璃在实验室里拉出了一道长长的纤细玻璃纤维。这无疑让光纤通信的发展又前进了一大步。不过, 和 1841 年那次水桶演示后发生的情况一样, 实验终归是实验, 迈向下一步人们又足足等了 50 年。直到 1938 年, Owens Illinois Glass 公司与日东纺绩公司才开始生产玻璃长纤维。但是, 这时候生产的光纤是裸纤, 没有包层。光纤的传播是利用全内反射原理, 全内反射角由介质的折射系数决定, 裸纤会引起光泄漏, 光甚至会从黏附在光纤上的油污泄漏出去。

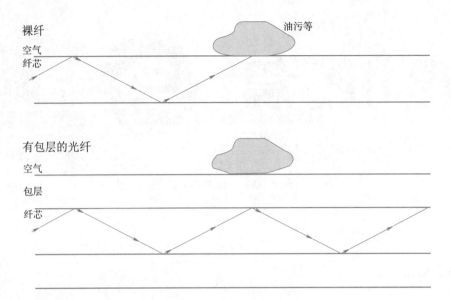

裸纤
空气
纤芯
油污等

有包层的光纤
空气
包层
纤芯

1951 年,光物理学家 Brian O'Brian 提出了包层的概念。然后,有人试图用人造黄油作为包层,但并不实用。

1956 年,密歇根大学的一位学生制作了第一个玻璃包层光纤,他用一个折射率低的玻璃管熔化到高折射率的玻璃棒上。玻璃包层很快成为标准,后来塑料包层也相继出现。

1960 年,Theodore Maiman 向人们展示了第一台激光器,这燃起了人们对光通信的兴趣。激光看起来是很有前途的通信方式,可以解决传输带宽问题,很多实验室开始了实验。不过,很快他们发现,空气并不是激光通信传播的优良介质,受天气的影响太严重。自然,工程师们把目光转移到光纤上。有了包层的光纤,不过是能做成灵活的内窥镜进入人体的咽喉、胃部、结肠,而其使用于内窥镜中,光传播 3 m 能量就损失一半。用于人体内脏检查还可以,但用于长距离的光通信,简直天方夜谭。光纤传播损耗太大,不适合通信,很多工程师放弃了光纤通信的尝试。但总是有些人不肯轻言放弃,他们决定,一定要找出影响光纤损耗的因素到底是什么。在 1966 年,年轻的工程师高锟(K. C. Kao)终于得出了一个光纤通信史上突破性的结论:损耗主要是由于材料所含的杂质引起,并非玻璃本身。

1966 年 7 月,高锟就光纤传输的前景发表了具有历史意义的论文。该论文分析了造成光纤传输损耗的主要原因,从理论上阐述了有可能把损耗降低到 20 dB/km 的见解,并提出这样的光纤将可用于通信。

四年以后,康宁公司真的拉出了 20 dB/km 的光纤。康宁公司第一个实现了与理论一致的结果,并突破了高锟所提出的每公里衰减 20 分贝(20 dB/km)关卡,证明光纤作为通信介质的可能性。

与此同时,使用砷化镓(GaAs)作为材料的半导体激光(Semiconductor Laser),也被贝尔实验室发明出来,并且凭借体积小的优势而大量运用于光纤通信系统中。至此,光纤才真正开始应用于光纤通信。因此,我们把 1966 年称为光纤通信的诞生年。

🌐 学习目标

- 了解光纤通信的发展历史。
- 掌握光纤、光缆的基础理论知识。
- 掌握光发射器、光接收器、光中继器、光放大器的基本原理等。
- 掌握光纤通信网络的关键技术。

知识体系

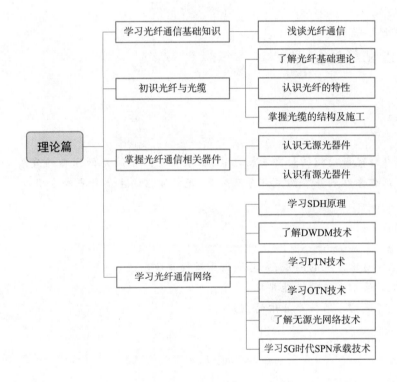

项目一

学习光纤通信基础知识

任务　浅谈光纤通信

任务描述

本任务将介绍光纤通信的历史发展过程,在学生充分了解光纤通信的发展历史之后,进一步介绍了光纤通信系统的基本组成部分及分类、光纤通信的主要特点和应用。

任务目标

- 识记:光纤通信系统的组成,光纤通信系统的主要特点。
- 领会:光纤通信系统的性能指标。
- 应用:光纤通信在通信产业中的应用情况。

任务实施

一、了解光纤通信的发展历史

微视频

光纤通信的
发展和分类

光纤通信在最近的 40 多年里有了惊人的发展,可以说是当今所有通信技术中发展最快、应用最广的一项技术。没有光纤通信的发展,就没有今天蓬勃发展的现代通信网络,更没有建立在此之上的各种信息服务,如语音、视频、数据等的快捷传输。然而,光纤通信的发展并不是一帆风顺的,它的发展是随着科技的进步才慢慢发展到今天的。

众所周知,人类目前传输信息的主要手段是利用电磁波,电磁波的频谱很宽,光也是一种电磁波,光波位于电磁波频率较高的频段。对大多数通信系统来说,系统的信息传输能力是需要优先考虑的。通信系统传输能力的主要限制可由著名的香农公式界定,即如果信息源的信息速率 R 不大于信道容量 C,那么,在理论上存在一种方法可使信息源的输出能够以任意小的差错概率通过信道传输。可以严格地证明,在被高斯白噪声干扰的信道中,传送的信道容量 C 由下述香农公式确定,即

$$C = B \times \log_2 (1 + S/N)$$

式中,C 为信道容量;B 为信道带宽(单位为 Hz); S 为信号功率;N 为噪声功率。

香农公式说明信息传输能力与信道带宽成正比(信道带宽就是信号传输时该信道没有使信号受到明显衰减的频率范围)。而信道的带宽与载波的频率成正比,带宽与载波之间的经验估算规则是:带宽大约是载波信号的10%。如果一个微波通道使用10 GHz的载波信号,那么其带宽约为1 GHz,而光的频率范围是100 ~ 1 000 THz。根据上述经验估算规则可以看出,单根光纤的带宽可达50 THz。那么,既然光纤通信具有大的信息传输能力,为什么还会落后于传统的微波、同轴等系统,而后来者居上呢?这还要追溯到20世纪初。在第二次世界大战期间,由于需要能够对敌人飞机和舰船进行探测和定位的高分辨的雷达,大大促进了微波系统的发展。在当时,微波工程和雷达工程几乎是同一概念,即使在今天,各种类型的雷达仍然广泛应用于军事及民用等领域。后来,微波发展到另外一个重要方向,即微波接力通信系统。微波波长在厘米量级,在无线传输中,由于微波波长具有一定长度,对微小的雨雪天气中的雨雪等颗粒具有绕射能力,因此它在微波中继接力系统中做点对点的通信具有许多优点。同时,借助于天线系统,微波可以具有很强的方向性,而且由于微波波长较短,天线尺寸可以较小(对天线而言,天线尺寸与波长应该相当,才具有更好的发射及接收效果),通道带宽较宽,因而在光纤通信发展起来之前,无线的微波接力及有线的微波系统在中长距离的通信系统中有广泛应用,包括微波卫星电路系统以及海底微波越洋通信系统等。

事实上,人类利用光通信的历史早在几千年前就已经出现在中国,最著名的是万里长城上的烽火台,城上每隔2.5 km设一座报警烽火台,若发现来犯敌人,白天燃烟,夜间举火,告诉城内军民。1880年,亚历山大·贝尔发明了世界上第一部光电话,它以弧光灯作光源,光投射在话筒的音膜上,当音膜按照说话人声音的强弱及音调不同而做相应的振动时,从音膜上反射出来的光也随之变化。这种被调制的光通过大气传播一段距离后,再被硅光电池接收变成电信号,电信号再驱动话筒,从而完成话音的传递。上述两种光信号的传输介质都是大气,若遇到雨雪天气,信号传递效果将变差甚至中断,具体原因显然是由于光波长较短,对大气中的雨雪及尘埃物质不具有绕射作用,光波被这些微粒物质阻挡。

在大气光通信暴露出上述缺点以后,人们曾经尝试将光路建立在类似于微波波导管中的方法来克服上述大气传输中的雨雪天气等问题,如反射镜波导方案及透镜波导方案等,但由于上述方案系统复杂、造价昂贵、施工调试困难等而无法实际应用。1950年,现代光纤的雏形——导光用的玻璃纤维出现,但传输损耗高达1 000 dB/km,显然不能满足通信需要,因此它仅仅用在医疗领域里的内窥镜系统中。

1966年,当时工作于英国标准电信研究所的高锟博士深入研究了光在石英玻璃中的严重损耗问题,发现损耗的主要原因是玻璃中含有铬、铁、铜等金属离子和其他杂质,以及光纤拉制工艺中的不均匀性,它还发现一些玻璃纤维在红外光区的损耗较小。同年7月,高锟和他的同事 A. G Heckhom 等发表了著名的论文《光频率介质纤维表面波导》,首次提出实用型光纤的制造问题及其在通信中的应用前景。他指出如果能将光纤中过渡金属离子减少到最低限度,并改进制造工艺,有可能使光纤损耗降低很多,达到实用要求。正因为他的这一成就,使得高锟博士赢得了2009年度的诺贝尔物理学奖。

在高锟理论的指导以及巨大的商机引领下，许多公司开展了此方面的研究工作。1970年，康宁玻璃公司研制出世界上第一根损耗为20 dB/km的光纤。同年，贝尔实验室研制成室温下可以连续工作的半导体激光器，这是一种适合于光纤通信用的理想光源。从此，光纤通信中的两项关键技术——低损耗传输介质及理想光源得以解决。此后，光纤通信开始快速发展，各国及各大公司相继投入大量人力物力开展光纤通信的研发及应用工作。

1975年，第一个点到点的光纤通信系统现场实验在贝尔实验室完成。1983年，最早的城市间光纤链路在纽约和华盛顿之间敷设完成。随后美国很快敷设了东西干线和南北干线，穿越22个州，光缆总长达50 000 km；1983年，日本敷设了纵贯日本南北的光缆长途干线，全长3 400 km，初期传输速率为400 Mbit/s，后来扩容到1.6 Gbit/s。1988年，完成了第一条横穿大西洋的海底光缆通信系统，全长6 400 km。第一条横跨太平洋的TPC-3/HAW-4海底光缆通信系统于1989年建成，全长13 200 km。工业和信息化部的数据显示，2022年，国内新建光缆线路长度477.2万km，全国光缆线路总长度达5 958万km；其中，长途光缆线路、本地网中继光缆线路和接入网光缆线路长度分别达109.5万km、2 146万公里和3 702万km。

那么国内的光纤通信的发展又经历了哪些艰苦历程呢？1973年，在世界上，光纤通信尚未实用。当时国外技术基本无法借鉴，什么都要靠自己摸索，包括光纤、光电子器件和光纤通信系统。就研制光纤来说，原料提纯、熔炼车床、拉丝机，包括光纤的测试仪表和接续工具也全都要自己开发，困难极大。武汉邮电科学研究院以及中国电子科技集团第八研究所，考虑到保证光纤通信最终能为经济建设所用，开展了全面研究，除研制光纤外，还开展光电子器件和光纤通信系统的研制，使我国至今具有了完整的光纤通信产业。由于采用了正确的技术路线，使我国在发展光纤通信技术上少走了不少弯路，从而使我国光纤通信在高新技术中快速发展。

1978年改革开放后，光纤通信的研发工作大大加快。北京、上海、武汉和桂林都研制出光纤通信试验系统。1982年，邮电部重点科研工程"八二工程"在武汉开通。该工程被称为实用化工程，要求符合国际CCITT标准，从此中国的光纤通信进入实用阶段。20世纪80年代中期，数字光纤通信的速率已达到144 Mbit/s，可传送1 980路电话，超过同轴电缆载波系统。于是，光纤通信作为主流被大量采用，在传输干线上全面取代电缆。经过国家"六五"、"七五"、"八五"和"九五"计划，我国已建成"八纵八横"干线网，连通全国各省区市。光纤通信已成为我国通信的主要手段。在国家科技部、计委、经委的安排下，1999年我国生产的8×2.5 Gbit/s WDM系统首次在青岛至大连开通，随后沈阳至大连的32×2.5 Gbit/s WDM光纤通信系统开通。2005年，3.2 Tbit/s超大容量的光纤通信系统在上海至杭州开通，是当时世界容量最大的实用线路。

目前，我国光纤通信主要干线已经建成，光纤通信容量达到万亿比特每秒(Tbit/s)量级。但信息产业的发展属性决定，光纤行业仍然有较大的发展空间，如新型光纤的研制等(如光子晶体光纤)。随着宽带业务的发展、网络需要扩容等，光纤通信仍有巨大的市场。现在每年光纤通信设备和光缆的销售量都在逐步上升。

二、了解光纤通信的系统组成

光纤通信系统是以光纤作为传输介质、光波作为载波的通信系统。它主要由电发射机、光发射机、光纤、光接收机、电接收机等组成，如图1-1-1所示。当然，一般系统中还包括一些中继器、连接器、隔离器、波分复用器、耦合器等器件。

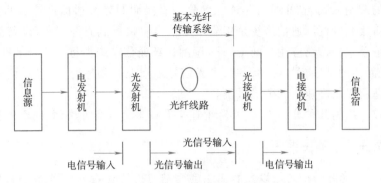

图 1-1-1　通信系统的基本组成(单向传输)

光发射机的作用是将电信号转换成光信号,并通过连接器将光信号注入光纤。光发射机主要由驱动电路、光源等构成。

光接收机的主要作用是将光纤传输过来的光信号转换成发射端的电信号,它一般包括光电检测器及一些信号处理电路。

光纤的作用是将光信号以尽可能小的衰减和畸变传输到对端。

中继器的作用是延长光信号的传输距离,分为光/电/光中继器和光中继器(或称光放大器)两种。光/电/光中继器是将经过长途传输损耗了的、有畸变的光信号转换为电信号,并对电信号进行再定时、整形、再生,然后将再生的电信号再转换为光信号送入光纤。光中继器无须进行光/电/光的转换,直接对光信号进行放大。由于光中继器(光放大器)在连续使用后,虽然能够保持信号强度,但信号的畸变不能消除,因此,一般在连续使用几个光中继器后,要使用一个光/电/光中继器进行再定时和整形。

三、了解光纤通信系统的分类

按照不同的分类方法,光纤通信系统可以分为不同的类别。

根据光纤传导模式的不同,光纤通信系统可以分为多模光纤传输系统及单模光纤传输系统。多模光纤传输系统是以多模光纤作为传输介质的光纤通信系统,由于多模光纤存在模式色散等,其主要应用在传输距离较短、容量较小的系统中。单模光纤通信系统是以单模光纤作为传输介质的光纤通信系统,它的传输距离较长、容量较大,广泛应用于长途及大容量的通信系统中。

按照调制信号的类型,光纤通信系统可以分为模拟光纤通信系统和数字光纤通信系统。模拟光纤通信系统的调制信号为模拟信号,主要应用于广电部门的视频/音频传输系统。数字光纤通信系统的调制信号为数字信号,具有定时再生功能,因而具有传输质量好、传输距离远等优点。目前的电信网络中以及计算机网络中的光纤传输系统都属于此类系统。

按照系统的工作波长,可以将光纤通信系统分为短波长光纤通信系统及长波长光纤通信系统。通常所说的短波长光纤通信系统是工作波长位于 0.85 μm 附近的光纤通信系统。由于光纤在此波长的损耗较大(相对于 1.31 μm 及 1.55 μm),传输距离短,因而仅在光纤通信发展的初期,由于此波段的光源及光检测器性价比比较好等原因才得以应用,现在已经逐渐被淘汰。长波长光纤通信系统的工作波长位于 1.31 μm 及 1.55 μm 附近,这是光纤的两个低损耗窗口。长波长光纤通信系统是目前普遍采用的光纤通信系统,其损耗较低、中继距离长。

根据系统的调制方式,光纤通信系统可以分为直接调制光纤通信系统和间接(外)调制光纤通信系统。直接光纤调制通信系统是用输入电信号直接调制光源,具有设备简单等优点,因此在低速率传输系统中广泛应用。间接(外)调制光纤通信系统是将电信号加在某些电光晶体的两端,使电光晶体的某些特性受到调制,当光信号通过电光晶体时,间接受到电信号的调制,这种调制系统适用于较高速率的传输系统。

以上是比较常用的几种分类方法,实际上还会有许多种分类方法,此处不再赘述。

四、了解光纤通信的主要特点

微视频

光纤通信的
特点和应用

光纤通信之所以发展如此迅速是与它具有的一系列特点分不开的,主要体现在以下几方面。

(一)频带宽、信息容量大

如前所述,光纤的传输带宽很宽,若将低损耗及低色散区做到 1.45 ~ 1.65 μm 范围,则相应的带宽可达几十万亿赫[兹]。

(二)损耗低、传输距离长

目前,在光纤的低损耗窗口之一的 1.55 μm 波长处,商用光纤的损耗已经可以做到 0.25 dB/km,这是以往任何形式的传输线都无法达到的一个指标。损耗低,意味着无中继传输距离远。现在的强度调制、直接检测光纤通信系统的无中继传输距离可以达到几十到上百公里。

(三)体积小、重量轻、便于敷设

目前,通用裸光纤的外径为 50 μm,即使是套过塑料的光纤外径也小于 125 μm,加之光纤的材料为石英玻璃,相对密度轻于金属,成缆后的光缆重量也轻。涂覆后的光纤具有很好的柔韧性,成缆后,各种结构的光缆可架空、埋地或置入管道,相对于同样容量的电缆系统而言,体积、重量、敷设方便等方面具有很多优势。

(四)抗干扰性好、保密性强、使用安全

光纤光缆的密封性好,载波为光波,不易受到各种低频电磁波的干扰,具有很强的抗电磁干扰能力。光波在光纤结构的纤芯中传播,不容易受到类似于电缆形式的搭接,因而保密性好。光纤材料是石英,具有耐高温、耐腐蚀的特点,可工作于各种恶劣的工作环境。

(五)材料资源丰富

通信电缆的主要材料是稀有金属铜,其资源较为匮乏。光纤的主体材料是 SiO_2,材料资源极为丰富。

五、掌握光纤通信系统的性能指标

目前,ITU-T 已经对光纤通信系统的各个速率、各个光接口和电接口的各种性能给出具体的建议,系统的性能参数也有很多。这里介绍系统最主要的几个性能参数:误码特性、抖动性能以及漂移的概念和影响。

(一)误码特性

误码就是经接收判决再生后,数字流的某些比特发生了差错,使传输信息的质量发生了损伤。传统上常用长期平均误比特率(BER,又称误码率)来衡量信息传输质量,即以某一特定观测时间内错误比特数与传输比特总数之比当作误比特率。

　　就误码对各种业务的影响而言,主要取决于业务的种类和误码的分布。例如,语声通信中能够容忍随机分布的误码,而数据通信则相对能容忍突发误码的分布。下面介绍误码性能的度量。

　　从历史上看,ITU-T 建议 G.821 是最早制定并沿用至今的误码性能规范,考虑到 G.821 建议的一系列局限性,ITU-T 正在研究制定高比特率信道的误码性能要求并已形成了 G.826 建议。G.826 性能参数与 G.821 性能参数不同,前者是以"块"为基础的一组参数,主要用于不停业务监视。"块"指一系列与信道有关的连续比特,当同一块内的任意比特发生差错时,就称该块是差错块(EB),有时也称误块。按照块的定义,SDH(Synchronous Digital Hierarchy,同步数字体系)通道开销中的 BIP-X 属于单个监视块。其中 X 中的每个比特与监视的信息比特构成监视码组,只要分离的同位组中的任意一个不符合校验要求就认为整个块是差错块。

　　继 G.826 建议以后,为适应各类新业务(特别是数据业务)的高性能要求,ITU-T 提出了专门用于 SDH 通道的建议 G.828,其基本思路和指标分配策略与 G.826 相同,但误块秒比(ESR)和严重误块秒比(SESR)在不同程度上比 G.826 要更严格。

　　目前,ITU-T 规定了三个高比特率信道误码性能参数。

　　(1)误块秒比。为了定义误块秒比首先需要介绍误块秒(ES)的概念。当某 1 s 具有 1 个或多个差错块或至少出现一个缺陷时就称该秒为误块秒。在规定测量间隔内出现的 ES 数与总的可用时间之比,称为误块秒比。

　　(2)严重误块秒比。为了定义严重误块秒比,首先需要介绍严重误块秒(SES)的概念。当某 1 s 内包含有不少于 30% 的差错块或者至少出现 1 个缺陷时认为该秒为严重误块秒。在规定测量时间内出现的 SES 数与总的可用时间之比,称为严重误块秒比。

　　(3)背景块差错比(BBER)。为了定义背景块差错比,首先需要介绍背景块差错(BBE)的概念。背景块差错,指扣除不可用时间和 SES 期间出现的差错块以后所剩下的差错块。BBE 数与扣除不可用时间和 SES 期间所有块数后的总块数之比称 BBER。由于计算时已经扣除了引起 SES 和不可用时间的大突发性误码,因而该参数值的大小可以大体反映系统的背景误码水平。

　　(二)抖动特性

　　定时抖动(简称抖动)定义为数字信号的特定时刻(如最佳抽样时刻)相对其理想参考时间位置的短时间偏离。短时间偏离是指变化频率高于 10 Hz 的相位变化,而将低于 10 Hz 的相位变化称为漂移。事实上,两者的区分还不仅在相位变化的频率不同,而且在产生机理、特性和对网络的影响方面也不尽相同。

　　定时抖动对网络的性能损伤表现在以下几方面:

　　(1)对数字编码的模拟信号,在译码后数字流的随机相位抖动使恢复后的样值具有不规则的相位,从而造成输出模拟信号的失真,形成抖动噪声。

　　(2)在再生器中,定时的不规则性使有效判决点偏离接收眼图的中心,从而降低了再生器的信噪比余度,直至发生误码。

　　(3)在 SDH 网中,同步复用器和数字交叉连接设备等配有滑动缓存器的同步网元,过大的输入抖动会造成缓存器的溢出或取空,从而产生滑动损伤。

　　抖动对各类业务的影响不同,数字编码的语声信号能够耐受很大的抖动,允许均方根抖动达 1.4 μs。

从网络发展演变的角度看,SDH 网与 PDH(Plesiochronous Digtial Hierarchy,准同步数字系列)网将有一段相当长的共存时期,因此 SDH 网不仅要有自己的抖动性能规范,而且应在 SDH 与 PDH 边界满足相应的 PDH 网的抖动性能规范。

(三)漂移的概念和影响

漂移定义为数字信号的特定时刻(如最佳抽样时刻)相对其理想参考时间位置的长时间偏移。这里长时间是指变化频率低于 10 Hz 的相位变化。与抖动相比,漂移无论从产生机理、本身特性及对网络的影响都有所不同。引起漂移的一个普遍原因是环境温度变化,它会导致光缆传输特性发生变化,从而引起传输信号延时的缓慢变化。因而漂移可以简单地理解为信号传输延时的慢变化。这种传输损伤靠光缆线路系统本身是无法彻底解决的。在光同步线路系统中还有一类由于指标调整与网同步结合所产生的漂移机理,采取一些额外措施是可以设法降低的。

数字网内有多种漂移源。首先,基准主时钟系统中的数字锁相环受温度变化影响,将引入不小的漂移。同理,从时钟也会引入漂移。其次,传输系统中的传输介质和再生器中的激光器产生的延时受温度变化影响将引进可观的漂移。最后,SDH 网元中由于指针调整和网同步的结合也会产生很低频率的抖动和漂移。一般来说,只要选取容量合适的缓存器并对低频段的抖动和漂移进行合理规范,特别对网关的解同步器做合适的设计并严格限制级联的 SDH 网的数目后,指针调整所引进的漂移可以控制在较低的水平。

六、了解光纤通信的应用

每次拿起电话机通话、看电视、利用传真机收发文件、上网、刷信用卡、利用自动柜员机服务时,实际上都离不开光纤通信系统。前面已经描述了光纤通信的发展历史,但是确切地说出光纤通信的发展阶段也是不太容易的事情,因为这个行业一直处在不断发展的过程中,整个系统的性价比在不断提高,促使过去许多不熟悉或不敢用(担心其昂贵的建设及维护费用)此系统的业主也纷纷开始使用光纤通信系统。一般来讲,可以认为 20 世纪 90 年代早期是大规模使用光纤网络的开始,此后几乎所有的通信公司都将光纤作为主要的中长距离传输介质,每年敷设的光纤长度几乎是以指数形式在增长。

如前所述,光纤可以传输数字信号,也可以传输模拟信号。光纤在通信网、计算机网、广播电视网及其他数据传输系统中,都得到了广泛应用。光纤宽带干线传输网和接入网发展迅速,是光纤通信应用的主要方面之一。总体而言,光纤通信的各种应用可概括如下:

(1)通信网,包括全球通信网(如横跨大西洋和太平洋的海底光缆和跨越欧亚大陆的洲际光缆干线)、各国的公共电信网(如我国的国家一级干线、各省二级干线和县市以下的支线)、各种专用通信网(如电力、铁路、国防等部门通信、指挥、调度、监控的光缆系统)、特种情况下的通信手段(如石油、化工、煤矿等部门易燃、易爆环境下使用的光缆,以及飞机、舰船、导弹等内部的光缆系统)。

(2)计算机局域网和广域网,如光纤以太网、路由器之间的光纤高速传输链路。

(3)有线电视网的干线和分配网中目前也大量使用光纤链路;许多工厂、矿山、银行、交通部门、公安部门、飞机场、港口码头中广泛使用的应用电视系统也大量使用光纤作为传输手段;此外,许多自动控制系统中的数据传输为了避免受到电磁干扰等,也大量使用光纤传输系统。

(4)综合业务光纤接入网,可以实现电话、数据、视频(包括会议电视、可视电话等)及各种多媒体业务的综合接入,这是目前其他电缆系统无法比拟的,可以提供各种各样的社区服务,是光纤通信未来的发展方向之一。

那么当前光纤通信的主流发展方向在哪里?

首先值得一提的是光的波分复用技术,波分复用技术在早期主要是指几个波段之间的复用技术,如 1 310 ~ 1 550 nm 之间,后来发展到密集波分复用技术(DWDM)。

光的波分复用技术是当今光纤通信技术中很重要的一项技术,它的进步极大地推动了光纤通信事业的发展,给传输技术带来了革命性的变革。波分复用当前的商业水平是 273 个或更多的波长,研究水平是 1 022 个波长(能传输 368 亿路电话),近期的潜在水平为几千个波长,理论极限约为 15 000 个波长(包括光的偏振模色散复用,OPDM)。

其次是光放大技术,光放大器的开发成功及其产业化是光纤通信技术中一项非常重要的成果,大大促进了光复用技术、光孤子通信及全光网络的发展。顾名思义,光放大器就是放大光信号。在此之前,传送信号的放大都是要实现光电变换及电光变换,即 O/E/O 变换。有了光放大器后就可直接实现光信号放大。光放大器主要有三种:光纤放大器、拉曼放大器及半导体光放大器。光纤放大器就是在光纤中掺杂稀土离子(如铒、铥、镨等)作为激光活性物质。每一种掺杂剂的增益带宽及其位置是不同的。掺铒光纤放大器的增益带较宽,覆盖 S、C、L 频带;掺铥光纤放大器的增益带是 S 波段;掺镨光纤放大器的增益带在 1 310 nm 附近。而拉曼光放大器则是利用拉曼散射效应制作成的光放大器,即大功率的激光注入光纤后,会发生非线性效应——拉曼散射。在不断发生散射的过程中,把能量转交给信号光,从而使信号光得到放大。由此不难理解,拉曼放大是一个分布式的放大过程,即沿整个线路逐渐放大。其工作带宽很宽,几乎不受限制。这种光放大器已开始商品化,但相当昂贵。半导体光放大器(SOA)一般是指行波光放大器,工作原理与半导体激光器相类似。其工作带宽是很宽的,但增益幅度稍小一些,制造难度较大。这种光放大器虽然已实用化,但产量很小。

拓展学习

1966 年,高锟发表了一篇题为《光频率介质纤维表面波导》的论文,开创性地提出光导纤维在通信上应用的基本原理,描述了长程及高信息量光通信所需绝缘性纤维的结构和材料特性。这一设想提出之后,引起争论。但在争论中,高锟的设想逐步变成现实:利用石英玻璃制成的光纤应用越来越广泛,全世界掀起了一场光纤通信的革命。

2009 年,76 岁的高锟因"开创性地研究与发展光纤通信系统中低损耗光纤"而获得诺贝尔奖。此前,诺贝尔奖偏重于基础研究领域的成果,高锟是首位以应用物理研究获诺贝尔物理学奖的科学家。

这是一项迟来的荣誉,这项荣耀迟到了 43 年。高锟在科学上的贡献已经远远超越了时代的局限,让世界能够更快地进入信息爆发的时代。

项目小结

光纤通信可以说是当今所有通信技术中发展最快、应用最广的一项技术,没有光纤通信的发展,就没有今天蓬勃发展的现代通信网络。1966 年,当时工作于英国标准电信研究所的高锟博士经过深入研究改进光纤的制造工艺,达到实用要求。在高锟理论的指导下以及巨大的商机

引领下,许多公司开展了此方面的研究工作。1970年康宁玻璃公司拉制出了世界上第一根光纤。

光纤通信系统是以光纤作为传输介质、光波作为载波的通信系统。它主要由光发射机、光纤、光中继器、光放大器、光接收机等组成。

光纤通信之所以发展迅速是因为它具有频带宽、信息容量大、损耗低、传输距离长、体积小、重量轻、抗干扰性好、保密性强等的优势。

衡量光纤系统的性能参数有很多,最主要的两大性能参数是误码率和抖动。

※思考与练习

一、填空题

1. 在光纤通信系统中_____的作用是将光纤传输过来的光信号转换成发射端的电信号。

2. 在光纤通信系统中继器的作用是延长光信号的传输距离,分为_____和_____两种。

3. 根据光纤传导模式的不同,光纤通信系统可以分为_____光纤传输系统和_____光纤传输系统。

4. 香农公式中的参数 C 表示为_____。

5. 光纤通信系统可以分为_____调制光纤通信系统和_____调制光纤通信系统。

二、判断题

1. 按照调制信号的类型,光纤通信系统可以分为模拟光纤通信系统和数字光纤通信系统。
（　　）

2. 目前光纤通信三个实用的低损耗工作窗口是 $0.85~\mu m$、$1.31~\mu m$、$1.55~\mu m$。　（　　）

3. 光纤的主体材料是 SiO_2,材料资源极为丰富。　（　　）

4. 光的频率范围是 $100 \sim 10~000$ THz。　（　　）

5. 光发射机的作用是将光信号转换成电信号,并通过连接器将电信号注入光纤。　（　　）

三、简答题

1. 请画出单项传输的光纤通信系统的基本组成框图。

2. 简述光纤通信的主要特点。

3. 在光纤通信中请解释误码的定义,常用哪个参数衡量误码? ITU-T 规定的三个高比特率信道误码性能参数是什么?

4. 简述香农公式并对相关参数进行介绍。

5. 根据系统的调制方式,光纤系统可以分为哪几类? 其各自的优点是什么?

6. 根据光纤传导模式的不同光纤是如何分类的? 各自的优点有哪些?

7. 简述抖动与漂移。

8. 定时抖动对网络的性能损伤表现在哪几个方面?

9. 光纤通信的各种应用有哪些?

10. 光放大器的分类有哪些?

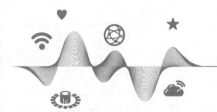

项目二

初识光纤与光缆

任务一　了解光纤基础理论

任务描述

光纤是光导纤维的简称,是一种由玻璃或塑料制成的纤维,可作为光传导工具。本任务将学习光纤结构与类型、光纤的传导模、数值孔径以及光纤的制造和成品测试。

任务目标

- 识记:光纤的结构及类型。
- 领会:光纤的数值孔径。
- 应用:光纤不同的分类类型。

任务实施

一、认识光纤的结构

光纤是由纤芯和包层同轴组成的双层或多层的圆柱体的细玻璃丝。光纤的外径一般为 $125 \sim 140~\mu m$,芯径一般为 $3 \sim 100~\mu m$。光纤是光纤通信系统的传输介质,其作用是在不受外界干扰的条件下,低损耗、小失真地传输光信号。

光纤主要由纤芯和包层组成,最外层还有涂覆层和套塑。其结构如图 2-1-1 所示。

微视频●

了解光纤

光纤的中心部分是纤芯,其折射率比包层稍高,损耗比包层更低,光能量主要在纤芯内传输;包层为光的传输提供反射面和光隔离,将光波封闭在光纤中传播,并对纤芯起着一定的机械保护作用。光纤纤芯和包层折射率分别为 n_1 和 n_2。光波在光纤中是通过全反射传播的,因此只有 $n_1 > n_2$ 才能达到传导光波的目的。

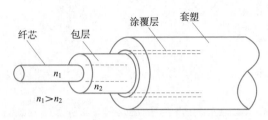

图 2-1-1　光纤的结构示意图

为了实现纤芯和包层的折射率差异,需要纤芯和包层的材料不同。目前纤芯的主要成分是石英(SiO_2)。在石英中掺入其他杂质,就构成了包层,如果要提高石英材料的折射率,可以掺入二氧化锗、P_2O_5 等;如果要降低石英材料的折射率,可以掺入 B_2O_3、氟(F)等。

实际的光纤不是裸露的玻璃丝,而是在光纤的外围附加涂覆层和套塑,主要用于保护光纤,增加光纤的强度。

二、了解光纤的类型

(一)按材料成分分类

按照光纤的材料来分,一般可分为石英玻璃光纤、掺稀土光纤、复合光纤、氟化物光纤、塑包光纤、全塑光纤、碳涂层光纤和金属涂层光纤八种。

1. 石英玻璃光纤

石英玻璃光纤是一种以高折射率的纯石英玻璃(SiO_2)材料为芯,以低折射率的有机或无机材料为包层的光学纤维。石英玻璃光纤传输波长范围宽,数值孔径(NA)大,光纤芯径大,力学性能好,很容易与光源耦合。在信息传输、传感、光谱分析、激光医疗、照明等领域的应用极为广泛。

2. 掺稀土光纤

掺稀土光纤是在光纤的纤芯中,掺杂铒(Er)、钕(Nd)、镨(Pr)等稀土族元素的光纤。1985年,南安普顿(Southampton)大学的佩恩(Payne)等首先发现掺杂稀土元素的光纤有激光振荡和光放大作用。目前使用的 1 550 nm 波段的 EDFA 就是利用掺铒的单模光纤作为激光工作物质的。

3. 复合光纤

复合光纤是在石英玻璃(SiO_2)原料中适当混合氧化钠(Na_2O)、氧化硼(B_2O_3)、氧化钾 (K_2O)等氧化物制成的光纤。其特点是软化点低,纤芯与包层的折射率差别大,把光束缚在纤芯的能力强,主要应用于医疗业务的光纤窥镜。

4. 氟化物光纤

氟化物光纤(Fluoride Fiber)是由多种氟化物玻璃制成的光纤。这种光纤原料简称 ZBLAN[氟化锆(ZrF_4)、氟化钡(BaF_2)、氟化镧(LaF_3)、氟化铝(AlF_3)、氟化钠(NaF)等氟化物简化的缩略语]。其工作波长为 2～10 μm,具有超低损耗的特点,用于长距离光纤通信,目前尚未广泛实用。

5. 塑包光纤

塑包光纤(Plastic Clad Fiber)是用高纯度的石英玻璃制成纤芯,用硅胶等塑料(折射率比石英稍低)作为包层的阶跃型光纤。它与石英光纤相比,具有纤芯粗、数值孔径(NA)高的优点。

因此,易与发光二极管 LED 光源结合,损耗也较小。所以,非常适用于局域网(LAN)或者近距离通信。

6. 全塑光纤

全塑光纤(Plastic Optical Fiber)的纤芯和包层都是用塑料(聚合物)制成的。全塑光纤的纤芯直径为 1 000 μm,是单模石英光纤的 100 倍,并且接续很简单,而且易于弯曲,容易施工。在汽车内部或者家庭局域网中得到应用。

7. 碳涂层光纤

碳涂层光纤(Carbon Coated Fiber,CCF)是在石英光纤的表面涂敷有碳膜的光纤。其利用碳素的致密膜层,使光纤表面与外界隔离,以改善光纤的机械疲劳损耗和氢分子的损耗。

8. 金属涂层光纤

金属涂层光纤(Metal Coated Fiber)是在光纤表面涂上 Ni、Cu、Al 等金属层的光纤。它在恶劣环境中得到广泛应用。

(二)按折射率分类

按照折射率来分,一般可以分为阶跃型光纤和渐变型光纤两种。

1. 阶跃型光纤

如果纤芯折射率(指数)沿半径方向保持一定,包层折射率沿半径方向也保持一定,而且纤芯和包层折射率在边界处呈阶梯形变化的光纤,称为阶跃型光纤,也可称为均匀光纤。这种光纤一般纤芯直径为 50 ~ 80 μm,特点是信号畸变大。其结构如图 2-1-2(a)所示。

2. 渐变型光纤

如果纤芯折射率沿着半径加大而逐渐减小,而包层折射率是均匀的,则称这种光纤为渐变型光纤,也称为非均匀光纤。这种光纤纤芯直径一般为 50 μm,特点是信号畸变小。其结构如图 2-1-2(b)所示。

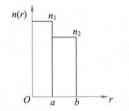

（a）阶跃型光纤的折射率分布　　　　（b）渐变型光纤的折射率分布

图 2-1-2　阶跃型和渐变型光纤折射率分布

(三)按传输模式数量分类

光纤的传输模式通常从两个方面来理解:波动光学和射线光学。

从波动光学的角度来讲就是:多种成离散分布而稳定状态的电磁场分布。

理论依据:在光纤中传播的电磁场,要遵循麦克斯韦方程组,且在满足纤芯和包层界面的边界条件下求解,得到的电磁场的解已经不再像在自由空间那样呈连续变化,而是离散化的解。

从射线光学的角度来讲就是:一组独立的传播角离散分布的光束或光线传播。

根据光纤中传输模式的数量,可分为单模光纤和多模光纤。

1. 单模光纤

单模光纤是指只能传输基模,即只能传输一个最低模式的光纤,其他模式均被截止。单模光纤的纤芯直径较小,为 4 ~ 10 μm,通常纤芯中折射率的分布认为是均匀分布的。由于单模光纤只传输基模,从而完全避免了模式色散,使传输带宽大大加宽。因此,它适用于大容量、长距离的光纤通信。这种光纤的特点是信号畸变小。

2. 多模光纤

多模光纤是指可以传输多种模式的光纤,即光纤传输的是一个模群。多模光纤的纤芯直径约为 50 μm,由于模式色散的存在会使多模光纤的带宽变窄,但其制造、耦合、连接都比单模光纤容易。

三、了解光纤的传导模和数值孔径

(一)光纤传导模与辐射模

当纤芯与包层界面满足全反射条件时,光就会被封闭在纤芯内传输,这样形成的模称为传导模;相反,当纤芯与包层接口不满足全反射条件时,就有部分光在纤芯内传输,部分光折射入包层,这种从纤芯向外辐射的模式称为辐射模。

(二)光纤的数值孔径

数值孔径定义:满足纤芯和包层的界面发生全反射的条件下,光入射时所允许的最大入射角称为光纤的数值孔径。数值孔径示意图如图 2-1-3 所示。

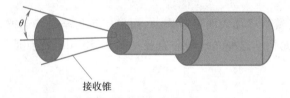

θ

接收锥

图 2-1-3　数值孔径示意图

只有小于最大接受角的光线才能够在光纤中长距离传输。

根据定义进行数学运算如下:

接收角最大值 θ_0 的正弦与 n_0 的乘积,称为光纤的数值孔径,用 NA 表示,即

$$\mathrm{NA} = n_0 \sin \theta_0 = \sin \theta_0 \, (n_0 \text{为空气折射率,为 1}) \tag{2-1-1}$$

根据

$$\sin \theta_0 = \sqrt{n_1^2 - n_2^2} \, (n_1 \text{、} n_2 \text{分别为纤芯和包层折射率}) \tag{2-1-2}$$

可知

$$\sin \theta_0 = \sqrt{n_1^2 - n_2^2} = \frac{n_1 \sqrt{(n_1^2 - n_2^2)}}{n_1} \tag{2-1-3}$$

对于弱导光纤(即 n_1 与 n_2 相差很小),有 $n_1 \approx n_2$,此时

$$\Delta = \frac{(n_1 - n_2)}{n_1} \tag{2-1-4}$$

$$\sin \theta_1 \approx n_1 \sqrt{2\Delta} \tag{2-1-5}$$

式中,θ_1 为对于弱导光纤的入射角;Δ 为相对折射率差。

由以上计算可以得出结论：

光纤的数值孔径 NA 仅取决于光纤的折射率 n_1 和 n_2，与光纤的直径无关。

NA 表示光纤接收和传输光能力的大小，相对折射率差（Δ）增大，数值孔径（NA）也随之增大。

在实际应用中 NA 越大，经光纤传输后产生的信号畸变也越大，因而限制了信息传输容量。一般对于单模光纤，$\Delta = 0.1\% \sim 0.3\%$；对于跃变型多模光纤，$\Delta = 0.3\% \sim 3\%$。

四、掌握光纤的制造和成品检测

（一）光纤的制造工艺

1. 原材料的提取

制造光纤的原材料主要有 $SiCl_4$、掺杂剂 $GeCl_4$ 和 CFC_3，还有高纯氧。

2. 预制棒的熔炼

预制棒的熔炼方法很多，常见的方法有外部气相氧化法棒外气相沉积法（OVPO）、改进的化学气相沉积法（MCVD）、气相轴向沉积法（VPAD）、等离子体启动化学气相沉积法（PCVD）。

3. 预制棒的拉丝和涂覆

预制棒制作完成后，下一步就是将预制棒拉丝成高质量的光纤。

（二）光纤成品的测试

光纤成品的测试主要包括以下几方面：

（1）抗拉强度：必须至少能够承受 690 MPa 的压力。

（2）折射率剖面。

（3）光纤几何特征：纤芯直径、覆层规格及涂层直径应一致。

（4）衰减性：各种波长的光信号随距离变化的衰减程度。

（5）信息传输能力（带宽）。

（6）色散。

（7）操作温度/湿度范围。

（8）衰减性和温度相关。

任务二 认识光纤的特性

任务描述

反映光波传输正常与否的性能即是光纤特性，主要包括光纤的损耗特性、色散特性、机械特性和环境性能。通过对这些特性的研究更深刻地认识光纤。

微视频●

光纤的特性

任务目标

● 领会：光纤的机械特性、温度特性。

● 应用：光纤的损耗特性、色散特性。

任务实施

一、掌握光纤的损耗特性

(一)光纤损耗的原因

光能在光纤中传播时,会有一部分光能被光纤内部吸收,有一部分光可能辐射到光纤的外部,从而使光能减少,进而产生损耗。由于损耗的存在,使光信号在光纤中传输的幅度减小,在很大程度上限制了系统的传输距离。光纤的损耗分为吸收损耗和散射损耗两种,其中吸收损耗是光波通过光纤材料时,有一部分光能变成热能,造成光功率的损失。散射损耗是由于光纤的材料、形状、折射率分布等的缺陷或不均匀,使光纤中传导的光发生散射,由此产生的损耗为散射损耗,光纤损耗系数用 α 表示,即

$$\alpha = \frac{10}{L} \lg \frac{P_1}{P_2} \quad (\text{dB/km}) \qquad (2\text{-}2\text{-}1)$$

式中,P_1 为入射光功率;P_2 为传输后的输出光功率;L 为被测光纤长度,单位 km;P_1 和 P_2 分别为输入光功率和输出光功率,单位 W;损耗与波长的关系曲线称为损耗特征曲线谱,如图 2-2-1 所示。

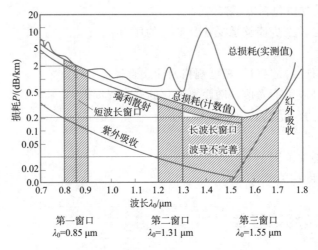

图 2-2-1　光纤的损耗特征曲线谱

从光纤的损耗特征曲线谱可以看到损耗出现的最高峰,称为吸收峰。损耗较低所对应的波长称为窗口。常说的光纤有 3 个低损耗窗口,波长分别为:

(1)$\lambda_0 = 0.85 \ \mu\text{m}$ 短波长波段。

(2)$\lambda_0 = 1.31 \ \mu\text{m}$ 长波长波段。

(3)$\lambda_0 = 1.55 \ \mu\text{m}$ 长波长波段。

产生光纤损耗的原因很复杂,主要与光纤材料本身的特性有关;其次,制造工艺也影响光纤的损耗,影响损耗的制造工艺因素很多,归结起来主要有吸收损耗和散射损耗两种。损耗产生的原因有以下几点:

（1）光纤的电子跃迁和分子的振动都要吸收一部分光能,造成光的损耗,产生衰减。

（2）光纤原料中存在的过渡金属离子(如铁、铬、钴、铜等)杂质,在光照下产生振动和电子跃迁,产生衰减。

（3）熔融的石英玻璃中含有水,水分子中的氢氧根离子振动也会吸收一部分光能,产生衰减。

（4）光在光纤中存在瑞利散射,产生衰减。

（5）光纤接头和弯曲,产生衰减。

（二）测量光纤的损耗特性

光纤损耗测量主要有剪断法、插入法和背向散射法三种基本方法。

1. 剪断法

由式（2-2-1）可见,只要测量长度为 L_2 的长光纤输出光功率 P_2,保持注入条件不变,在注入装置附近剪断光纤,保留长度为 L_1 (一般为 $2 \sim 3$ m)的短光纤,测量其输出光功率 P_1 (即长度为 $L = L_2 - L_1$ 这段光纤的输入光功率),根据式（2-2-1）就可以计算出 α 值。剪断法光纤损耗测量系统框图如图 2-2-2 所示。

对于损耗谱的测量要求采用光谱宽度很宽的光源(如卤灯或发光二极管)和波长选择器(如单色仪或滤光片),测出不同波长的光功率 $P_1(\lambda)$ 和 $P_2(\lambda)$,然后计算 $\alpha(\lambda)$ 值。

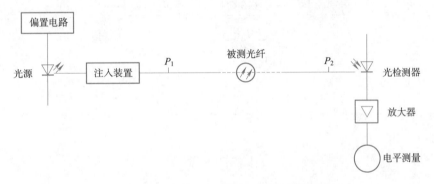

图 2-2-2　剪断法光纤损耗测量系统框图

2. 插入法

剪断法是根据损耗系数的定义,直接测量传输光功率实现的,所用仪器简单,测量结果准确,因而被确定为基准方法。但这种方法是破坏性的,不利于多次重复测量。在实际应用中,可以采用插入法作为替代方法。插入法是在注入装置的输出和光检测器的输入之间直接连接,测出光功率 P_1,然后在两者之间插入被测光纤,再测出光功率 P_2,据此计算 α 值。这种方法可以根据工作环境灵活运用,但应对连接损耗做合理的修正。

3. 背向散射法

瑞利散射光功率与传输光功率成比例。利用与传输光相反方向的瑞利散射光功率确定光纤损耗系数的方法,称为背向散射法。

设在光纤中正向传输光功率为 P,经过 L_1 和 L_2 点($L_1 < L_2$)时分别为 P_1 和 $P_2 (P_1 > P_2)$,从这两点返回输入端($L = 0$)。光检测器的背向散射光功率分别为 $P_d(L_1)$ 和 $P_d(L_2)$,经分析推导得到,正向和反向平均损耗系数如式 2-2-2 所示。

$$\alpha = \frac{10}{2(L_2 - L_1)} \lg \frac{P_d(L_1)}{P_d(L_2)} \qquad (2\text{-}2\text{-}2)$$

式中,右边分母中因子 2 是光经过正向和反向两次传输产生的结果。

背向散射法不仅可以测量损耗系数,还可利用光在光纤中传输的时间来确定光纤的长度 L。显然,有

$$L = \frac{ct}{2 n_1} \qquad (2\text{-}2\text{-}3)$$

式中,c 为真空中的光速;n_1 为光纤的纤芯折射率;t 为光脉冲的往返传播时间。

图 2-2-3 所示为背向散射法光纤损耗测量系统框图。光源应采用特定波长稳定的大功率激光器,调制的脉冲宽度和重复频率应和所要求的长度分辨率相适应。耦合器件把光脉冲注入被测光纤,又把背向散射光注入光检测器。光检测器应有很高的灵敏度。

用背向散射法的原理设计的测量仪器称为光时域反射仪(OTDR)。这种仪器采用单端输入和输出,不破坏光纤,使用非常方便。OTDR 不仅可以测量光纤损耗系数和光纤长度,还可以测量连接器和接头的损耗,观察光纤沿线的均匀性和确定故障点的位置,是光纤通信系统工程现场测量不可缺少的工具。

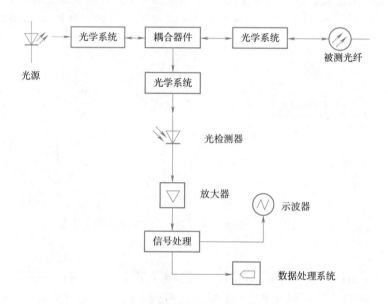

图 2-2-3 背向散射法光纤损耗测量系统框图

二、掌握光纤的色散特性

(一)光纤的色散

光脉冲在通过光纤传播期间,其波形在时间上发生了展宽,这种现象称为色散。色散用色散系数来表示,单位为 ps/(nm·km)。

色散一般包括模式色散、材料色散和波导色散三种,前一种色散是由于信号不是单一模式所引起的,后两种色散是由于信号不是单一频率而引起的。

模式色散是由于不同模式的传播时间不同而产生的,它取决于光纤的折射率分布,并和光纤材料折射率的波长特性有关,如图 2-2-4 所示。

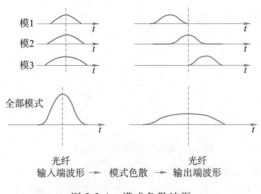

图 2-2-4　模式色散波形

材料色散是由于光纤的折射率随波长而改变,以及模式内部不同波长成分的光(实际光源不是纯单色光)其传播时间不同而产生的。这种色散取决于光纤材料折射率的波长特性和光源的谱线宽度。

波导色散是由于波导结构参数与波长有关而产生的,它取决于波导尺寸和纤芯与包层的相对折射率差。

对于单模光纤来说,主要是材料色散和波导色散;而对于多模光纤来说,模式色散占主要地位。下面仅介绍单模光纤的情况。

由于单模光纤中只传输基模,因此,理想单模光纤没有模式色散,只有材料色散和波导色散。这两种色散都属于频率色散,它们是传播时间随波长变化产生的结果。

(二)光纤色散对通信系统的影响

光纤的色散特性对传输系统的影响主要有两方面:

(1)脉冲被展宽(时域),限制了通信带宽(频域)。

(2)产生码间干扰,增大误码率;限制了传输距离。

三、掌握光纤的机械特性

为了保证光纤在实际应用时不断裂,而且在各种环境下使用时,具有长期的可靠性,就要求光纤必须具有一定的机械强度。

目前构成光纤的材料是 SiO_2,要被拉成 125 μm 的细丝,在拉丝过程中,光纤的抗拉强度为 98 ~ 196 MPa。如果拉丝后立即在光纤表面进行涂覆,抗拉强度可达 3 920 MPa。这里要讨论的机械特性主要是指光纤的强度和寿命。

这里所说的光纤的强度是指抗张强度。当光纤受到的张力超过它的承受能力时,光纤就将断裂。

对于光纤抗断强度,它和涂覆层的厚度有关。当涂覆厚度为 5 ~ 10 μm 时,抗断强度为 3 234 MPa;涂覆厚度为 62 μm 时,抗断强度可达到 5 194 MPa。

造成光纤断裂的原因,是由于光纤在生产过程中预制棒本身表面有缺陷,在受到张力时,应力集中在伤痕处,当张力超过一定范围时,就会造成光纤的断裂。

为了保证光纤能具有 20 年以上的使用寿命,光纤应进行强度筛选试验,只有强度符合要求的光纤才能用来成缆。

通常对光纤强度的要求见表 2-2-1。

表 2-2-1 光纤强度要求

用 途	拉伸应变/%	张力/N
陆地防潮光缆	0.5	430
水深在 1 500 m 以内光缆	> 1	860
水深在 1 500 m 以上光缆	> 2.2	1.9×10^3

光纤允许应变包括：

（1）成缆时光纤的应变。

（2）敷设光缆时，由于某些因素的影响而使光纤发生的应变。

（3）工作环境温度的变化引起光纤的应变。

一般认为，当光纤的拉伸应变为 0.5% 时，其寿命可达 20 ~ 40 年。

四、掌握光纤的温度特性

光纤的损耗可用光纤的衰减系数来描述，而光纤的衰减系数与光纤通信系统的工作环境有直接关系，也就是它受温度的影响而增加，尤其表现在低温区域。使光纤衰减系数增加的主要原因是光纤的微弯损耗和弯曲损耗。

光纤因温度变化产生微弯损耗是由于热胀冷缩所造成。由物理学可知，构成光纤的 SiO_2 的热膨胀系数很小，在温度降低时几乎不收缩。而光纤在成缆过程中必须经过涂覆和加上一些其他构件。涂覆材料及其他构件的膨胀系数较大，当温度降低时，收缩比较严重，所以当温度变化时，材料的膨胀系数不同，将使光纤产生微弯，尤其表现在低温区。

光纤的附加损耗与温度之间的变化曲线图 2-2-5 所示。从图中可以看出，随着温度的降低，光纤的附加损耗逐渐增加，当温度降至 -55 ℃ 左右时，附加损耗急剧增加。

因此，在设计光纤通信系统时，必须考虑光缆的高、低温循环时延，以检验光纤的损耗是否符合指标要求。

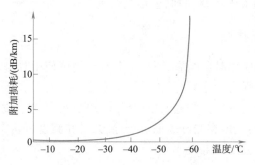

图 2-2-5 光纤的附加损耗与温度之间的变化曲线

任务三 掌握光缆的结构及施工

任务描述

光缆（Optical Fiber Cable）是为了满足光学、机械或环境的性能规范而制造的，它是利用置于包覆护套中的一根或多根光纤作为传输媒质并可以单独或成组使用的通信线缆组件。本任务主要介绍光缆的结构、分类、特性及施工。

任务目标

- 领会：光缆的结构、分类和特性。
- 应用：光缆的敷设和接续。

任务实施

一、认识光缆的结构

微视频 ●

光缆的结构
和施工

光缆一般由缆芯、加强元件和护套三部分组成，有时在护套外面加有铠装。

（一）缆芯

缆芯一般由光纤及松套、紧套管组成，分为单芯和多芯两种。单芯型光缆是由单根经二次涂覆处理后的光纤组成；多芯型光缆是由多根经二次涂覆处理后的光纤组成，又分为带状结构和单位式结构。根据涂覆的次数，缆芯的结构有紧套结构和松套结构两种，如图 2-3-1 所示。

紧套结构如图 2-3-1(a)所示，光缆中光纤无自由移动的空间。在光纤与套管之间有一个缓冲层，其目的是减小外力对光纤的作用。缓冲层一般采用硅树脂，二次涂覆用尼龙。这种光纤的优点是：减少了外应力对光纤的作用，结构简单，测量和使用方便。

松套结构如图 2-3-1(b)所示，光纤在光缆中有一定的自由移动空间，光纤可以在松套管中自由活动，这样的结构有利于减少外界机械应力（或应变）对涂覆光纤的影响，即增强了光缆的弯曲性能。其优点是力学性能好，具有很好的耐压能力；温度特性好；松套管中充有油膏，因此防水性好；可靠性高，便于成缆。

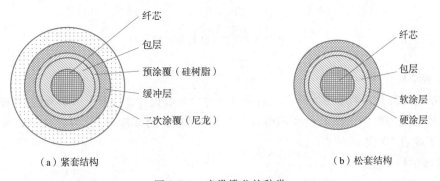

（a）紧套结构　　　　　　　　　　　　（b）松套结构

图 2-3-1　光缆缆芯的种类

（二）加强元件

由于光纤材料比较脆弱，容易断裂，为了使光缆便于承受敷设安装时所加的外力等，因此在光缆中要加一根或多根加强元件位于中心或分散在四周。加强元件的材料可用钢丝或非金属的纤维——增强塑料（FRP）等。

23

（三）护套

光缆的护套主要是对已经成缆的光纤芯线起保护作用,避免由于外部机械力和环境影响造成对光纤的损坏。因此,要求护层具有耐压力、防潮、温度特性好、重量轻、耐化学侵蚀、阻燃等特点。

光缆的护层可分为内护层和外护层。内护层一般用聚乙烯和聚氯乙烯等;外护层可根据敷设条件而定,可采用由铝带和聚乙烯组成的 LAP(铝纵包层)外护套加钢丝铠装等。

二、了解光缆的分类

（一）按缆芯结构分类

按缆芯结构特点的不同,光缆可分为层绞式光缆(即经典结构光缆)、带状结构光缆、骨架结构光缆和单元结构光缆,如图 2-3-2 所示。

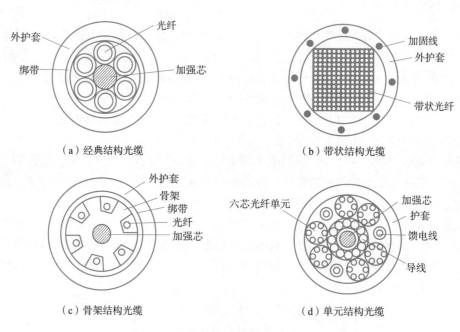

（a）经典结构光缆　　　　　　　　　（b）带状结构光缆

（c）骨架结构光缆　　　　　　　　　（d）单元结构光缆

图 2-3-2　不同结构的光缆

1. 经典结构光缆

经典结构光缆是将若干根光纤芯线以强度元件为中心绞合在一起的一种光缆,如图 2-3-2(a)所示。这种光缆的制造方法和电缆相似,所以可采用电缆的成缆设备,因此成本较低。光纤芯线数一般不超过 10 根。

2. 带状结构光缆

带状结构光缆是将 4～12 根光纤芯线排列成行,构成带状光纤单元,再将这些带状单元按一定方式排列成缆,如图 2-3-2(b)所示。这种光缆的结构紧凑,可做成上千芯的高密度用户光缆。

3. 骨架结构光缆

骨架结构光缆是将单根或多根光纤放入骨架的螺旋槽内的光缆,骨架的中心是强度元件,骨架的沟槽可以是 V 形、U 形和凹形,如图 2-3-2(c)所示。由于光纤在骨架沟槽内具有较大空间,因此当光纤受到张力时,可在槽内做一定的位移,减小了光纤芯线的应力应变和微变。这种光缆具有耐侧压、抗弯曲、抗拉的特点。

4. 单元结构光缆

单元结构光缆是将几根至十几根光纤芯线集合成一个单位,再由数个单位以强度元件为中心绞合成缆,如图 2-3-2(d)所示。这种光缆的芯线数一般为几十芯。

在公用通信网中所用光缆的种类,见表 2-3-1。

表 2-3-1 光缆种类

种　　类	结构	光纤芯线数	必 要 条 件
长途光缆	层绞式	<10	用低损耗、宽频带和可用单盘盘长的光缆来敷设; 骨架式有利于防护侧压力
	单元式	10～200	
	骨架式	<10	
海底光缆	层绞式	4～100	低损耗、耐水压、耐张力
	单元式		
用户光缆	单元式	<200	高密度、多芯和低中损耗
	带状式	>200	
局内光缆	软线式	2～20	重量轻、线径细、可挠性好
	带状式		
	单元式		

(二)按线路敷设方式分类

按光缆线路敷设方式,可分为架空光缆、管道光缆、直埋光缆、隧道光缆和水底光缆等。

(1)架空光缆:指以架空形式挂放的光缆,必须借助吊线(镀锌钢绞线)或自身具有的抗拉元件悬挂在电杆或铁塔上。

(2)管道光缆:指布放在通信管道内的光缆,目前常用的通信管道主要是塑料管道。

(3)直埋光缆:指光缆线路经过市郊或农村时,直接埋入规定深度和宽度的缆沟中的光缆。

(4)隧道光缆:指经过公路、铁路等交通隧道的光缆。

(5)水底光缆:穿越江、河、湖、海水底的光缆。

(三)按使用环境与场合分类

按使用环境与场合,光缆主要分为室外光缆、室内光缆及特种光缆三大类。由于室外环境(气候、温度、破坏性)相差很大,故这几类光缆在构造、材料、性能等方面亦有很大区别。

(1)室外光缆由于使用条件恶劣,光缆必须具有足够的机械强度、防渗能力和良好的温度特性,其结构较复杂。

(2)室内光缆结构紧凑、轻便、柔软,并应具有阻燃性能。

(3)特种光缆用于特殊场合,如海底、污染区或高原地区等。

(四)按通信网络结构或层次分类

按通信网络结构或层次分,光缆可分为长途网光缆和本地网光缆。

(1)长途网光缆:即长途端局之间的线路,包括省际一级干线、省内二级干线。

(2)本地网光缆:既包括长途端局与电信端局以及电信端局之间的中继线路,又包括接入网光缆线路。

三、了解光缆的特性

(一)机械特性

为了提高光缆的机械特性,在拉制光纤时,可加涂覆层;为了加大光缆的应力,在光缆中加入固件。

(二)光学特性

光缆的光学特性参考光缆的光学特性取决于光纤的光学特性即光纤的色散特性,具体内容可参考项目二的任务二中光纤的色散特性。

(三)温度特性

光缆的温度特性主要取决于光缆材料的选择及结构的设计,采用松套管二次被覆光纤的光缆温度特性较好。

四、掌握光缆的施工

光缆施工的形式主要有直埋、架空、管道和水下四种形式。光缆施工是光纤通信系统的重要组成部分,因此,光缆施工要努力做到精心施工,确保工程质量。

(一)光缆线路的敷设

1. 光缆线路敷设的一般要求

(1)敷设前按路由进行复测,对局部由于外界条件变化或其他原因影响光缆敷设的地方进行适当修正。

(2)施工方法:人工或机械。

(3)光缆布放时及安装后,其曲率半径:布放时,光缆的曲率半径不小于光缆外径的 20 倍;安装后,光缆的曲率半径不小于光缆外径的 10 倍。

(4)光缆布放时及安装后,其所受张力、侧压力不超过光缆力学性能要求。

(5)光缆的接续采用专用接头盒:

- 光缆直埋或架空光缆接续时,接头盒安排在人孔内。
- 架空光缆与直埋光缆接续时,接头盒安排在吊线上。
- 光纤接续采用熔接法,一个中继段内,同一根光纤的接头损耗平均值不大于 0.08 dB。

不同场景光缆敷设中预留长度要求见表 2-3-2。

表 2-3-2　光缆预留长度要求

项　　目	敷设方式			
	直埋	管道	架空	水下
接头处重叠长度(一般不小于)/(m/km)	12	12	12	5
有疏后拓宽计划的河流、沟渠/m	(一般 1~4 m)	—	—	—
自然弯曲/(m/km)	7	—	—	—
人(手)孔内弯曲增长/(m/孔)	—	0.5~1	—	—
每隔 500 m 预留/m	—	—	野外 5,市郊区 10	—
桥上预留/(m/km)	5			
局内预留/m	10			

注:(1)其他预留根据实际情况决定。

　　(2)管道或直埋做架空引上时,其地上部分每处增加 6~8 m。

2. 架空光缆的敷设

(1)在平地敷设架空光缆时,使用挂钩吊挂;在山地或陡坡敷设光缆时,使用绑扎方式敷设。光缆接头应选择易于维护的直线杆位置,预留光缆用预留支架固定在电杆上。

(2)架空杆路的光缆每隔 3~5 个挡杆要求作 U 形伸缩弯,大约每 1 km 预留 15 m。

(3)引上架空(墙壁)光缆用镀锌钢管保护,管口用防火泥堵塞。

(4)空吊线与电力线交叉处应增加三叉保护管,每端伸长不得小于 1 m。

(5)近公路边的电杆拉线应套包发光棒,长度为 2 m。

(6)为防止吊线感应电流伤人,每处电杆拉线要求与吊线进行电气连接,各拉线位应安装拉线式地线,要求吊线直接用衬环接续,在终端直接接地。

3. 管道光缆的敷设

(1)按设计核对光缆占用的管孔位置,并将所用管孔清刷干净。

(2)施工前对光缆进行单盘检测。

(3)光缆布放时,采用一段牵引绳与光缆中间加强件相连,并用网套和胶带与护套相固定。管道光缆、引绳与光缆中间加强件间用一个装用牵引头,不直接拉光缆外护套牵引。

(4)对于 2 km 以上段长的光缆的布放,不能一次性从头至尾放完,要把光缆盘放在地段的中间向两头牵引。

(5)施工时光缆弯曲半径大于规定的弯曲半径,严禁光缆严重弯曲导致打死扣。

4. 直埋光缆的敷设

(1)光缆的埋深要求见表 2-3-3。

表 2-3-3　光缆的埋深要求

敷 设 地 段	埋深/m
普通土、硬土	1.2
半石质、砂碌土、风化石	1.0
全石质、流沙	0.8
市郊、村镇	1.2
市区人行道	1.0
穿越铁路(距道砟底)、公路(距路面)	1.2
沟渠、水塘	1.2
河底	按水底电缆要求

注:石质、半石质地段应在沟底和光缆上方各铺 100 mm 厚的细土或沙土。

(2)直埋光缆与其他建筑物及地下管线的距离,满足《电信网光纤数字传输系统工程施工及验收技术规定》的要求。

(3)光缆敷设在坡度大于 20°、坡长大于 30°的斜坡地段,采用 S 形敷设。

(4)直埋光缆接头按两端进出线方式安装,接头盒上方铺水泥盖板保护。

5. 水底光缆的敷设

(1)河床稳定、流速较小但河面宽度大于 150 m 的一般河流或季节性河流,采用短期抗张强度为 20 000 N 的钢丝铠装光缆。

(2)河床不太稳定、流速大于 3 m/s 或主要通航河道等,采用短期抗张强度为 40 000 N 的

钢丝铠装光缆。

（3）河床不太稳定、流速较小、河面不宽的河道（含通航），预埋塑料子管采用直埋光缆过河。

（4）水底光缆避免在水中设置接头。

（5）特大河流设置备用水底光缆，主、备用水底光缆采用连接器箱或分支接头盒进行人工倒换。连接器箱应安装在水线终端房或专用入孔内。

（二）光缆的接续

光缆接续就是把一条光缆终端与下一条光缆的始端连接起来，以形成连续光缆线路的操作全过程。具体就是把两端光缆中的每一根光纤对应进行接续的操作过程。

光纤接续有固定连接和连接器连接两种形式，光缆护套接续有热接法和冷接法两大类。

光纤接续应遵循的原则：芯数相等时，要同束管内的对应色光纤对接，芯数不同时，按顺序先接芯数大的，再接芯数小的。

光纤接续的方法有熔接、活动连接、机械连接三种。在工程中大多采用熔接法，接点损耗小，反射损耗大，可靠性高。

光纤接续的过程和步骤如下：

（1）开剥光缆，并将光缆固定到接续盒内。注意不要伤到束管，开剥长度取 0.8 m 左右，将油膏擦拭干净，将光缆穿入接续盒；固定钢丝时一定要压紧，不能有松动，否则，有可能造成光缆打滚，折断纤芯。

（2）将光纤穿过热缩管。将不同束管、不同颜色的光纤分开，穿过热缩管。剥去涂覆层的光纤很脆弱，使用热缩管，可以保护光纤熔接头。

（3）打开熔接机电源，采用预置的 42 种程序进行熔接，并在使用中和使用后及时去除熔接机中的灰尘，特别是夹具、各镜面和 V 形槽内的粉尘和光纤碎末。有线电视（CATV）使用的光纤有常规型单模光纤和色散位移单模光纤，工作波长有 1 310 nm 和 1 550 nm 两种。所以，熔接前要根据系统使用的光纤和工作波长选择合适的熔接程序。没有特殊情况，一般都选用自动熔接程序。

（4）制作光纤端面。光纤端面制作的好坏将直接影响接续质量，所以在熔接前一定要做好合格的端面。用专用的剥线钳剥去涂覆层，再用蘸酒精的清洁棉在裸纤上擦拭几次，用力要适度，然后用精密光纤切割刀切割光纤，对 0.25 mm（外涂层）光纤，切割长度为 8 ~ 16 mm，对 0.9 mm（外涂层）光纤，切割长度只能是 16 mm。

（5）放置光纤。将光纤放在熔接机的 V 形槽中，小心压上光纤压板和光纤夹具，要根据光纤切割长度设置光纤在压板中的位置，关上防风罩，即可自动完成熔接，只需 11 s。

（6）移出光纤，用加热炉加热热缩管。打开防风罩，把光纤从熔接机上取出，再将热缩管放在裸纤中心，放到加热炉中加热。加热器可使用 20 mm 的微型热缩套管和 40 mm 及 60 mm 的一般热缩套管，40 mm 的热缩管需要 40 s，60 mm 的热缩管需要 85 s。

（7）盘纤固定。将接续好的光纤盘到光纤收容盘上，在盘纤时，盘圈的半径越大，弧度越大，整个线路的损耗越小。所以，一定要保持一定的半径，使激光在纤芯里传输时，避免产生一些不必要的损耗。

（8）密封和挂起。野外接续盒一定要密封好，防止进水。熔接盒进水后，由于光纤及光纤熔接点长期浸泡在水中,可能会先出现部分光纤衰减增加。套上不锈钢挂钩并挂在吊线上。至此,光纤熔接完成。

项目小结

　　光纤是由纤芯和包层同轴组成的双层或多层的圆柱体的细玻璃丝。光纤的中心部分是纤芯,其折射率比包层稍高,损耗比包层更低,光能量主要在纤芯内传输;包层为光的传输提供反射面和光隔离,将光波封闭在光纤中传播,并对纤芯起着一定的机械保护作用。

　　光纤从不同的角度有不同的分类。常用的分类方式有两种:按照折射率分布来分,一般可以分为阶跃型光纤和渐变型光纤;按照传输模式的数量,可分为单模光纤和多模光纤。

　　当纤芯与包层界面满足全反射条件时,光就会被封闭在纤芯内传输,这样形成的模称为传导模。数值孔径 NA 是指满足纤芯和包层界面发生全反射的条件下,光入射时所允许的最大入射角。NA 表示光纤接收和传输光能力的大小。

　　光纤的损耗分为吸收损耗和散射损耗两种,其中吸收损耗是光波通过光纤材料时,有一部分光能变成热能,造成光功率的损失。散射损耗是由于光纤的材料、形状、折射率分布等的缺陷或不均匀,使光纤中传导的光发生散射,由此产生的损耗。光纤的色散是指光脉冲在通过光纤传播期间,其波形在时间上发生了展宽。光纤的色散特性对传输系统的影响包括限制了通信的带宽、增大了误码、限制了传输距离。光纤的附加损耗随温度的降低逐渐增加,当温度降至 $-55\ ^\circ\!\text{C}$ 左右时,附加损耗急剧增加。

　　光缆一般由缆芯、加强元件和护套三部分组成,有时在护套外面加有铠装。光缆按照敷设方式可分为架空光缆、管道光缆、直埋光缆、隧道光缆和水底光缆等。光纤接续的方法有熔接、活动连接、机械连接三种。在工程中大都采用熔接法。采用这种熔接方法的接点损耗小,反射损耗大,可靠性高。

💡 拓展学习

5G 基建离不开光纤光缆及其背后的"追光"企业。

　　"美国有硅谷,中国有光谷",中国的光谷坐落于湖北武汉,这里有全球最大的光纤预制棒和光纤光缆研发生产基地,国内首家光纤光缆合资企业——长飞光纤光缆股份有限公司便诞生于此。

　　长飞作为国内第一家拥有光纤预制棒生产能力的企业,自 1992 年投产以来,公司光纤、光缆产品的产销量连续 16 年排名全国第一,位居全球同行业前列。

　　光棒一直是长飞引以为傲的产品,2016 年,长飞成为第一家同时掌握 PCVD 工艺和 VAD + OVD 光纤预制棒生产工艺的企业,同年,公司光棒、光纤及光缆三大主营业务全面问鼎全球第一。

　　2018 年 7 月,长飞在上海证券交易所挂牌上市,成为国内光纤光缆行业第一家 A + H 股两地上市的企业。

　　如今,长飞在稳固主营业务全球领先地位的同时,还在不断加大海外市场开拓力度。

※ 思考与练习

一、填空题

1. 光纤中纤芯折射率n_1和包层折射率n_2的关系是_____。

2. 从射线光学的角度来说，一组独立的传播角离散分布的_____。

3. 根据光纤折射率分布的不同，光纤可以分为_____光纤和_____光纤。

4. 光纤的损耗主要包括吸收损耗和_____损耗。

5. 光纤的色散分为_____色散、_____色散、_____色散。

6. 光缆是以一根或多跟光纤或光纤束制成符合光学、机械和环境特性的结构，它由_____、加强件和_____组成。

二、判断题

1. 当纤芯与包层接口不满足全反射条件时，就有部分光在纤芯内传输，部分光折射入包层，这种从纤芯向外辐射的模式称为辐射模。（　　）

2. NA表示光纤接收和传输光能力的大小，仅取决于光纤的折射率n_1和n_2，另外还与光纤的直径有关系。（　　）

3. 实际的光纤不是裸露的玻璃丝，而是在光纤的外围附加涂覆层和套塑，主要用于保护光纤，增加光纤的强度。（　　）

4. 产生光纤损耗的原因很复杂，主要与光纤材料本身的特性有关，制造工艺不影响光纤的损耗。（　　）

5. 剪断法是根据损耗系数的定义，直接测量传输光功率实现的，所用仪器简单，测量结果准确，因而被确定为基准方法。（　　）

6. 光纤色散系数的单位是 ps/(km·nm)。（　　）

7. 光缆施工的形式主要有直埋、架空、管道和水下四种。（　　）

三、选择题

1. 下列（　　）不是光纤制造工艺中的步骤。
   A. 原材料的提取　　　　B. 预制棒的熔炼
   C. 预制棒的拉丝和涂覆　D. 光纤的检验

2. 下列（　　）不是光纤的组成部分。
   A. 纤芯　　B. 包层
   C. 油脂　　D. 套塑

3. 在进行光纤应变强度筛选时以下（　　）是我们最关注的指标。
   A. 拉伸应变　B. 张力
   C. 色散特性　D. 温度应变量

4. 光纤允许应变不包括以下（　　）项。
   A. 成缆时光纤的应变
   B. 敷设光缆时，由于某些因素的影响而使光纤发生的应变
   C. 工作环境温度的变化引起光纤的应变
   D. 外力拉扯时的应变

5. 光缆的基本类型有(　　　)。

(1)层绞式

(2)骨架式

(3)单元结构式

(4)带状式

A.(1)(2)(3)　　　　　　　　　B.(1)(3)(4)

C.(2)(3)(4)　　　　　　　　　D.(1)(2)(3)(4)

6. 光缆有(　　　)特性。

(1)拉力特性

(2)压力特性

(3)弯曲特性

(4)温度特性

A.(1)(2)(3)　　　　　　　　　B.(1)(3)(4)

C.(2)(3)(4)　　　　　　　　　D.(1)(2)(3)(4)

四、简答题

1. 什么是光纤的数值孔径,光纤的数值孔径和哪些因素有关?

2. 光纤成品检测的内容都有哪些?

3. 请说明阶跃型光纤和渐变性型光纤的折射率分布情况。

4. 简述光纤损耗产生的原因有哪些。

5. 光纤色散对通信系统的影响主要有哪些?

6. 请画出光纤的附加损耗与温度之间的变化曲线,并进行简要说明。

7. 按光缆线路敷设方式,光缆可分为哪几类?

8. 光纤接续的方法主要有哪几种,目前工程上经常使用的是哪种,这种方式有哪些优点?

9. 光纤接续过程的主要步骤有哪些?

10. 按通信网络结构或层次分类,光缆可分为哪些类别,分别包括哪些线路?

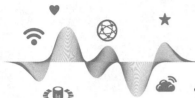

项目三

掌握光纤通信相关器件

任务一　认识无源光器件

任务描述

本任务主要介绍光纤通信系统中常用的一些无光源器件的工作原理、结构特点等,如光纤连接器、耦合器、波分复用器和光纤、光栅等。

任务目标

- 识记:常见光无源器件的类型和特点。
- 领会:常见光无源器件的在通信系统中的作用。
- 应用:常见光无源器件的使用场景。

任务实施

一、认识光纤连接器

微视频

光无源器件

光纤连接器是光纤与光纤之间进行可拆卸(活动)连接的器件,它是把光纤的两个端面精密对接起来,以使发射光纤输出的光能量能最大限度地耦合到接收光纤中,并使由于其介入光链路而对系统造成的影响减到最小,这是光纤连接器的基本要求。在一定程度上,光纤连接器也影响了光传输系统的可靠性和各项性能。图 3-1-1 所示为插针型光纤连接器的结构。

光纤连接器一般有两类:活动型光纤连接器和固定型光纤连接器。

（一）活动型光纤连接器

活动型光纤连接器指与无源和有源器件的连接动作为可重复性连接的一类光纤连接器,一般用于光纤器件的临时性连接。活动型光纤连接器主要由三部分组成:两个插头、一个插座,其连接方式主要有光纤端面对接与透镜扩束连接两种,如图 3-1-2 所示。图 3-1-2(a)中的插座为精密圆筒套管,插头为精密圆柱插针;图 3-1-2 (b)中的插座为精密双锥套管,插头为精密锥形插针;它们均与光纤端面对接;图 3-1-2(c)中的插座为精密圆筒套管,插针为精密圆柱插针,并且内置两个透镜,属于透镜扩束连接。

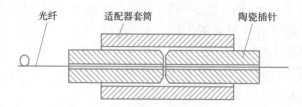

图 3-1-1 插针型光纤连接器的结构

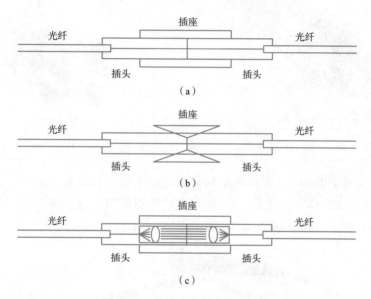

（a）

（b）

（c）

图 3-1-2 活动型光纤连接器原理

常见的光纤接头类型有如下几种:

（1）LC:LC(Lucent Connector,朗讯连接头)采用的套筒尺寸为 1.25 mm,可提高光纤连接器的安装密度。目前,在单模 SPF 方面,LC 型连接器已经占据了主导地位,在多模方面的应用也增长迅速。两个 LC 连在一起的光纤跳线,称为 DLC。LC 接头采用操作方便的模块化插孔(RJ)闪锁机理制成,可快速安装,且接头牢固,不易掉出。图 3-1-3 所示为 LC 和 DLC 连接头。

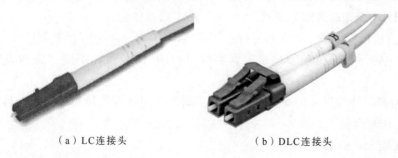

（a）LC连接头   （b）DLC连接头

图 3-1-3 LC 和 DLC 接头

（2）FC：FC（Ferrule Connector，金属圈连接头）和 DLC 使用 2.5 mm 的卡套，是单模网络中最常见的光纤接头之一。其外部加强件采用金属套，紧固方式为螺丝扣。圆形带螺纹接头是金属接头，金属接头的可插拔次数比塑料要多。FC 接口比较牢固，而且能防尘，但是它的安装时间相对稍长，如图 3-1-4 所示。

（3）SC：SC（Square Connector，方形连接器）的外形是标准方形，同样具有 2.5 mm 卡套，采用工程塑料，具有耐高温，不容易氧化等优点。其采用的插针与耦合套筒的结构尺寸与 FC 型完全相同，其中插针的端面多采用 PC 或 APC 型研磨方式，紧固方式采用插拔销闩式，不需要旋转。SC 可直接插拔，使用方便，但是此类接头容易掉出，如图 3-1-5 所示。

图 3-1-4　FC 连接器

图 3-1-5　SC 连接器

（4）ST：ST（Stab & Twist）是多模网络的常见光纤接头。它具有一个卡口固定架，和一个 2.5 mm 长圆柱体的卡套以容载整条光纤，固定方式为螺丝扣。ST 连接器的芯外露，其接头插入后旋转半周有一个卡口固定，容易折断，如图 3-1-6 所示。

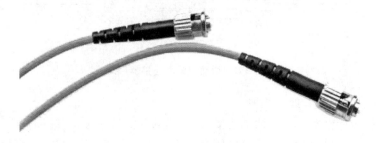
图 3-1-6　SC 连接器

除上述几种常见的接头外，还有一些使用较少的光纤接头类型，如图 3-1-7 所示。

（1）MT-RJ：端面光纤为双芯排列设计，主要用于数据传输。

（2）MU：目前世界上最小的单芯光纤连接器，采用 1.25 mm 直径的套管。

（3）E2000：带弹簧阀门和带推拉锁紧装置，特点是保护插针不受污染和磨损，重复插拔性好。

（4）DIN47256：结构尺寸与 FC 相同，内部金属结构中有控制压力的弹簧，可以避免因插接压力过大而损伤端面。

（二）固定型光纤连接器

固定型光纤连接器指与无源和有源器件的连接动作为永久性连接的一类光纤连接器。作为永久性连接的固定型光纤连接器应以最短的时间、最小的插入损耗和最低的成本获得最有效的稳定连接。固定连接方式主要有光纤熔接和封装固结两种，前者利用光纤熔接机对光纤接头进行熔焊以实现固定连接；后者则采用独特封装材料将置于对接结构中的光纤接头胶合以实现固定连接。

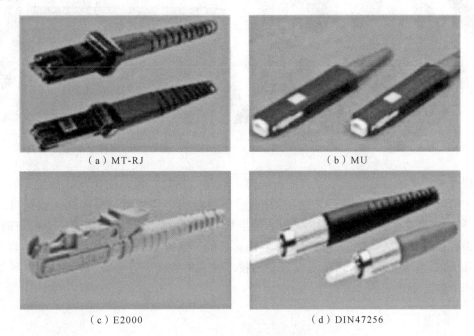

（a）MT-RJ　　　　　　　　　（b）MU

（c）E2000　　　　　　　　（d）DIN47256

图 3-1-7　使用较少的连接器

二、认识光纤耦合器

光纤耦合器（Coupler）又称分歧器（Splitter）、连接器、适配器、光纤法兰盘，是用于实现光信号分路/合路，或用于延长光纤链路的元件，属于光被动元件领域，在电信网络、有线电视网络、用户回路系统、区域网络中都会应用到。光耦合器外形种类较多，比较常见的如图 3-1-8 所示。

光纤耦合器的作用是实现光信号功率在不同光纤间的分配或组合。它利用不同光纤面紧邻光纤芯区中导波能量的相互交换作用构成。按所采用的光纤类型可分为多模光纤耦合器、单模光纤耦合器和保偏光纤耦合器等。

三、认识光波分复用器

光波分复用技术（Wavelength Division Multiplexer，WDM）是将一系列载有信息的光载波，在光频域内以一至几百纳米的波长间隔合在一起沿单根光纤传输；在接收端再用一定的方法，将各个不同波长的光载波分开的通信方式。

光波分复用器是波分复用通信系统的核心光学器件，外观如图 3-1-9 所示。光波分复用技术是指在一根光纤中传输多个波长信号从而提高传输容量的一种技术。光波分复用器包含光分波器和光合波器，其作用是将多个波长不一的信号光融入一根光纤或者将融合在一根光纤中的多个波长不一的信号光分路。

图 3-1-8　常见光耦合器

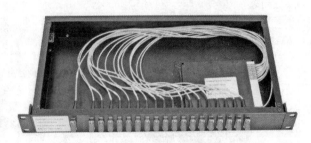

图 3-1-9　光波分复用器

光波分复用器的性能指标主要有波长隔离度和插入损耗。插入损耗与其他无源器件一样是指系统引入光波分复用器件后产生的附加损耗,目前国产熔锥型器件的插入损耗可以做到 1 dB 以下。波长隔离度(也称信道隔离度)是指某一信道的信号光耦合到另一个信道的大小,其定义为各信道最大的串扰系数。可充分利用光纤的带宽资源,使同一根光纤的传输容量增加几倍至几十倍,甚至几百倍。由于光波分复用技术使用的波长相互独立,故可以同时传输特性完全不同的信号。

四、认识光纤光栅

光纤布拉格光栅(FBG)是 20 世纪 90 年代出现的一种在光纤通信、光纤传感、光纤激光器等光电子处理领域有着广泛应用前景的光纤器件,如图 3-1-10 所示。

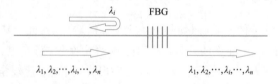

图 3-1-10　光纤布拉格光栅

FBG 利用掺杂光纤的光致折射率变化特性,用特定波长的激光干涉条纹从侧面辐照光纤,光纤内的折射率就会随着光强的空间分布发生相应的周期性变化并保存下来,成为光纤光栅。它能对波长满足布拉格反射条件的入射光产生反射。从 1978 年 Hill 等首次在掺锗光纤中观察到光感生光栅效应到现在,已经产生了多种"写入"光纤光栅的方法。FBG 的周期、长度及折射率调制深度决定其在一定的波长范围内反射率的高低。它可以应用在光纤通信中作为波分复用器件,用于构造温度或应变光纤传感器,在光纤激光器中作为反射镜等。

根据折射率的变化导致结构的差异,即光纤光栅空间周期分布及折射率调制深度分布是否均匀,可分为均匀光纤光栅和非均匀光纤光栅两大基本类型。在此基础上,考虑到光栅周期的大小、折射率分布特性及波矢方向等因素,可以衍生出结构多变、性能各异的光纤光栅变形或组合。

五、认识光隔离器

在光纤通信中,为了使光信号单向传输,往往需要用到光隔离器;此外,某些不连续处的反射会影响光发射机中激光器工作的稳定性,这时也需要光隔离器。光隔离器(ISO)的工作原理有很多种,经常使用的是偏振无关光隔离器,它们都是由偏光分束器件和法拉第旋光器组成,其原理光路均为非互易光路,下面介绍光纤通信中所用到的 Walk-off 型单级光隔离器的工作原理如图 3-1-11 所示。它由三只平行分束偏光镜(PS1、PS2、PS3)和一只 45°法拉第旋光器(FR)组成。Walk-off 型单级偏振无关光隔离器的原理可以借助图 3-1-11 进行分析,图中 A 表示迎着光线正向传播的方向、垂直于光线轴的四个分立器件的横截面,其中三个平行分束偏光镜的 +(−)表示光波正(反)向传播时非寻常光(e 光)的偏折方向;B、C 分别表示光波正向和反向传播时,各分量在相应位置的横向分布及光矢量方向。设法拉第旋光器的旋转角为 − 45°(逆时针方向),前两只平行分束偏光镜的主平面成 45°,后两只的主平面成 90°。

光正向传播时,入射的非偏振光(位置)经 PS1 后,水平振动分量(o 光)保持原来的位置,而垂直振动分量(e 光)则向上偏折,与 o 光分开(位置 2);两线偏振光通过 FR 后,光向量均沿逆时针方向旋转 45°,横向位置未发生变化(位置 3);经过 PS2 时,在 PS1 中的 o 光在 PS2 中成为 e 光,向右偏上 45°产生位移,而 e 光变为 o 光,位置不变(位置 4);在 PS3 中 o 光、e 光又一次发生互换,其中 e 光向右偏下位移(位置 5);至此,最初的 o 光、e 光(图中 o 光、e 光指第一次分束时在相应平行偏光分束镜中的偏振分量)又合为一束,经自聚焦透镜耦合进输出端光纤而实现对光波的正向导通。

同理,当光波反向传播时,被分束的 o 光、e 光在传播过程中其空间位置的变化如图 3-1-11 所示。在出射点相对于正向传播时的入射点均发生了一定量的偏移,且偏移方向相反,只要有合适的偏移量,就可使两线偏振光均不能被自聚焦透镜耦合进入射端光纤,从而实现对光束的反向隔离。

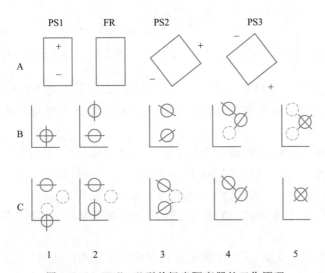

图 3-1-11　Walk-off 型单级光隔离器的工作原理

光隔离器的作用是防止光路中由于各种原因产生的后向传输光对光源以及光路系统产生的不良影响。例如,在半导体激光源和光传输系统之间安装一个光隔离器,可以在很大程度上减少反射光对光源的光谱输出功率稳定性产生的不良影响。在高速直接调制、直接检测光纤通信系统中,后向传输光会产生附加噪声,使系统的性能劣化,这也需要光隔离器来消除。在光纤放大器中掺杂光纤的两端装上光隔离器,可以提高光纤放大器的工作稳定性,如果没有光隔离器,后向反射光将进入信号源(激光器)中,引起信号源的剧烈波动。在相干光长距离光纤通信系统中,每隔一段距离安装一个光隔离器,可以减少受激布里渊散射引起的功率损失。因此,光隔离器在光纤通信、光信息处理系统、光纤传感以及精密光学测量系统中具有重要的作用。光隔离器外观如图 3-1-12 所示。

六、认识光环行器

光环行器是在光通信中应用广泛的微光学器件,它的非互易性使其成为双向通信中的重要器件,可以完成正反向传输光的分离任务。

光环行器具有多个端口,最常用的是三端口和四端口器件。图 3-1-13 所示为一个三端口和四端口光环行器的基本结构。

环行器的工作特点:当光从任意端口输入时,只能在环形器中沿单一方向传输,并在下一端口输出。

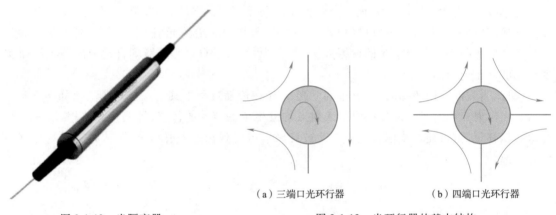

（a）三端口光环行器　　　　（b）四端口光环行器

图 3-1-12　光隔离器　　　　图 3-1-13　光环行器的基本结构

光环行器可以设计成对称结构,如图 3-1-13（b）所示,最后一个端口输入的光传输到第一个端口输出,但在很多应用中光不需要循环回去而将光环行器设计成非对称结构,如图 3-1-13（a）所示。

光环行器可以有不同的结构,可以使用不同的器件构成,但其最基本的原理是利用法拉第电磁旋转效应实现光的单向传输。图 3-1-14 所示为一个三端口光环行器的结构以及端口 1 到端口 2 的光路图。它的各个组成部分的功能如下:偏振分束器,将输入光分解成偏振正交的两束光;法拉第旋转器,偏振面产生 45° 旋转,旋转方向如前所述;$\lambda/2$ 平板,将光的偏振面旋转 45°。

参考图 3-1-14 所示的光路,简要说明光环行器的工作原理。从端口 1 输入的光波被偏振分束器分离成水平和垂直偏振光,垂直偏振光被折射,如图中沿上面的光路传输,水平偏振光沿下面的光路传输,然后进入法拉第旋转器。旋转器和 $\lambda/2$ 平板各将两束光旋转 45°,使原来的垂直偏振光变为水平偏振光;反之亦然。这两束光被另一个偏振分束器合到一起从端口 2 输出。

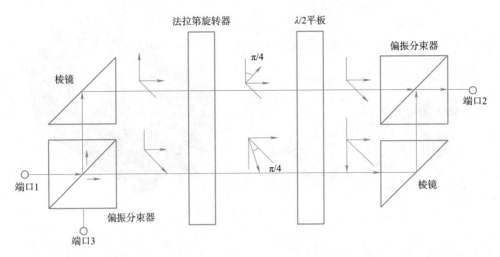

图 3-1-14 三端口光环行器中端口 1 到端口 2 的光路图

输入到端口 2 的光经历类似的过程,但由于法拉第旋转器的不可逆性质,两束正交的偏振光在经过 λ/2 平板和旋转器后保持原来的偏振方向,被偏振分束器合成后导向端口 3,而不是端口 1。

插入损耗、隔离度、偏振敏感性、回波损耗是反映光环行器性能的主要指标。现在环行器的插入损耗可以降低到 0.6 dB 以下,隔离度达到 70 dB 以上,偏振敏感性低于 0.05 dB,回波损耗大于 50 dB。光环行器的外观如图 3-1-15 所示。

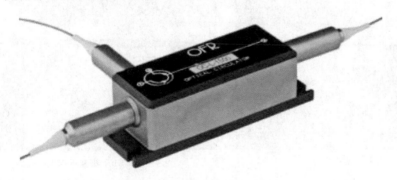

图 3-1-15 光环行器的外观

七、认识光滤波器

光耦合器或者光复用器是把不同波长的光复用到一根光纤中,不同的波长传载着不同的信息。那么在接收端,要从光纤中分离出所需的波长,就要用到光滤波器。光滤波器的外观如图 3-1-16 所示。

光滤波器是用来进行波长选择的仪器,它可以从众多的波长中挑选出所需的波长,而除此波长以外的光将会被拒绝通过。它可用于波长选择、光放大器的噪声滤除、增益均衡、光复用/解复用。

图 3-1-16　光滤波器的外观

八、认识光衰减器

　　光衰减器是用于对光功率进行衰减的器件,它主要用于以下几方面:防止接收机达到饱和(使输入光功率在接收机的动态范围)、在 WDM 系统中的多路复用前和掺铒光纤放大器(EDFA)前各波长功率的平衡、光纤系统的指针测量、短距离通信系统的信号衰减及系统试验等场合。光衰减器要求重量轻、体积小、精度高、稳定性好、使用方便等,可以分为固定式[见图 3-1-17(a)]、分级可变式、机械可调式[见图 3-1-17(b)]几种。

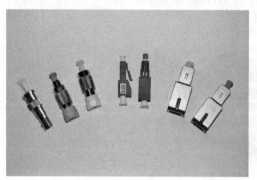

（a）固定式光衰减器

（b）机械可调光衰减器

图 3-1-17　常见光衰减器

　　可调式光衰减器一般用在光学测量中。在测量光接收机的灵敏度时,通常把它置于光接收机的输入端,用来调整接收光功率的大小。

任务二　认识有源光器件

任务描述

　　本任务主要介绍光纤通信中常用的半导体的光源材料激光器和发光二极管以及它们的特性,介绍光中继器在光通信中的作用以及光放大器的原理、分类和相关指标。

任务目标

- 识记:常见半导体光源器件和特性。
- 领会:光放大器的原理、分类和相关指标。
- 应用:光中继器的作用。

任务实施

一、认识半导体光源

常见的半导体光源有半导体发光二极管(LED)和半导体激光器(LD)。它们的发光原理不同,工作特性也不相同。

微视频

光有源器件

(一)半导体激光器

1. 半导体激光器的发光原理

激光器的发光利用的是受激辐射原理,是一种方向性好、强度大和相干性好的光源。它不同于普通的光源,普通的光源是利用自发辐射原理进行发光的,光的传播方向是四面八方的,而且强度低、相干性差。

2. 半导体激光器的工作特性

1)光输出特性

当激光器注入电流增加时,受激发射量增加,一旦超过PN 结中光的吸收损耗,激光器就开始振荡,于是光输出功率急剧增大,使激光器发生振荡时的电流称为阈值电流 I_{th},只有当注入电流不小于阈值时,激光器才发射激光。图 3-2-1所示为半导体激光器的 P-I 特性。

2)光谱特性

光源谱线宽度是衡量器件发光单色性的一个物理量。激光器发射光谱的宽度取决于激发的纵模数目,对于存在若干个纵模的光谱特性可画出包络线。其谱线宽度定义为输出光功率峰值下降 3 dB 时的半功率点对应的宽度。对于高

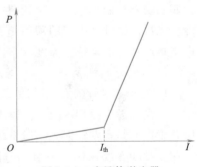

图 3-2-1 半导体激光器
的 P-I 特性

速率系统采用的单纵模激光器,则以光功率峰值下降 20 dB 时的功率点对应的宽度评定。

如果激光器同时有多个模式振荡,就称为多纵模(Multiple Longitudinal Mode,MLM)激光器。MLM 激光器通常有宽的光谱宽度,典型值为 10 nm。谱宽很宽对高速光纤通信系统是很不利的,因此光源的谱宽应尽可能得窄,即希望激光器工作在单纵模状态,这样的激光器称为单纵模(Single Longitudinal Mode,SLM)激光器。

图 3-2-2 和图 3-2-3 所示分别为短波长(850 nm)、长波长(1 550 nm)激光器光谱特性。由图可知,谱线宽度越窄的越接近于单色光。对光源谱线宽度通常的要求如下:

(1)多模光纤系统:谱线宽度一般为 3 ~ 5 nm,事实上这是初期激光器的水平。

(2)速率在 622 Mbit/s 以下的单模光纤系统,一般要求谱宽为 1 ~ 3 nm,即 InGaAsP 隐埋条

型激光器,称为单纵模激光器。它在连续动态工作时为多纵模。

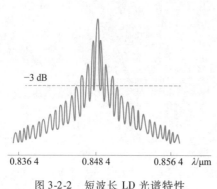

图 3-2-2 短波长 LD 光谱特性

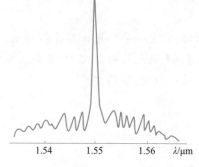

图 3-2-3 长波长 LD 光谱特性

(3)速率大于 622 Mbit/s 时的单模光纤系统,要求用动态单纵模激光器,其谱宽以兆赫[兹]来计量,不再以纳米来衡量。实用分布回馈型激光器(DFB-LD)或量子阱激光器等其谱线宽非常窄,接近单色光,可以防止系统因出现模分配噪声而限制系统的中继段长。

3)温度特性

半导体激光器阈值电流随温度增加而加大。尤其是工作于长波段的 InGaAsP 激光器,阈值电流对温度更敏感。半导体激光器输出光功率-阈值电流随温度的变化如图 3-2-4 所示。

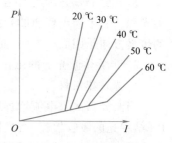

图 3-2-4 激光器输出光功率-阈值电流随温度的变化

为了得到稳定的激光器输出特性,一般应使用各种自动控制电路来稳定激光器阈值电流和输出功率。长波长激光器常将温度控制和功率控制等组成一个组件。近年来,国内外已研制出无制冷激光器。这种激光器的阈值电流在特定条件下不随温度变化,即不再用制冷器来控制温度。它适用于野外无人值守的中继站。

(二)发光二极管

1. 发光二极管的发光原理

发光二极管(LED)的工作原理与半导体激光器(LD)有所不同,LD 发射的是受激辐射光,LED 发射的是自发辐射光。LED 的结构和 LD 相似,大多是采用双异质结(DH)芯片,把有源层夹在 P 型和 N 型限制层中间,不同的是 LED 不需要光学谐振腔,没有阈值。发光二极管有两种类型:一类是正面发光型 LED;另一类是侧面发光型 LED,其结构如图 3-2-5 所示。同正面发光型 LED 相比,侧面发光型 LED 驱动电流较大,输出光功率较小,但由于光束辐射角较小,与光纤的耦合效率较高,因而入纤光功率比正面发光型 LED 大。

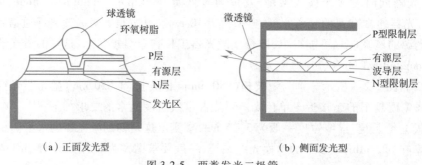

(a)正面发光型   (b)侧面发光型

图 3-2-5 两类发光二极管

同激光器相比,发光二极管输出光功率较小,谱线宽度较宽,调制频率较低。但发光二极管性能稳定,寿命长,输出光功率线性范围宽,而且制造工艺简单,价格低廉。因此,这种器件在小容量短距离系统中发挥了重要作用。

2. 发光二极管的工作特性

1)光输出特性

发光二极管的光输出特性,即 *P-I* 特性,如图 3-2-6 所示。当注入电流较小时,发光二极管的输出功率曲线基本是线性的,所以 LED 广泛用于模拟信号传输系统。但电流太大时,由于 PN 结发热而出现饱和状态。

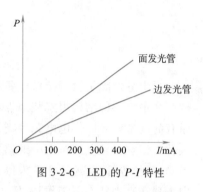

图 3-2-6　LED 的 *P-I* 特性

2)光谱特性

发光二极管的发射光谱比半导体激光器宽很多,如长波长 LED 谱宽可达 100 nm。发光二极管对光纤传输带宽的影响也因此比激光器大。因光纤的色散与光源谱宽成比例,故 LED 不能用于长距离传输。

3)温度特性

温度对发光二极管的光功率影响比半导体激光器要小。例如,边发射的短波长发光二极管和长波长发光二极管,温度由 20 ℃上升到 70 ℃时,发射功率分别下降为 1/2 和 1/1.7(在电流一定时),因此,对温控的要求不像激光器那样严格。

(三)半导体光源在系统中的应用

LED 通常和多模光纤耦合,用于 1.3 μm 波长的小容量短距离系统。因为 LED 发光面积和光束辐射角较大,而多模 SIF(阶跃光纤)光纤或 G.651 规范的 GIF(渐变光纤)光纤具有较大的芯径和数值孔径,有利于提高耦合效率,增加入纤功率。LD 通常和 G.652 或 G.653 规范的单模光纤耦合,用于 1.3 μm 或 1.55 μm 大容量长距离系统,这种系统在国内外都得到广泛应用。分布反馈式激光器(DFB-LD)主要和 G.653 或 G.654 规范的单模光纤或特殊设计的单模光纤耦合,用于超大容量的新型光纤系统,这是目前光纤通信发展的主要趋势。

二、认识光中继器

目前,实用的光纤数字通信系统都是用数字信号对光源进行直接强度调制的。光发送机输出的经过强度调制的光脉冲信号通过光纤传输到接收端。由于受发送光功率、接收机灵敏度、光纤线路损耗、甚至色散等因素的影响及限制,光端机之间的最大传输距离是有限的。

光中继器的功能是补偿光的衰减,对失真的脉冲信号进行整形。当光信号在光纤中传输一定距离后,光能衰减,从而使信息传输质量下降。为了克服这一缺点,在大容量、远距离光纤通信系统中,每隔一段距离设置一个中继器,经放大和定时再生恢复原来数字电信号,再对光源进行驱动,产生光信号送入光纤继续传输。

光中继器有多种,它由光检测器与前置放大器、主放大器、判决再生电路、光源与驱动电路等组成,其基本功能是均衡放大、识别再生和再定时,具有这三种功能的中继器称为 3R 中继器;而仅具有前两种功能的中继器称为 2R 中继器。经再生后的输出脉冲,完全消除了附加的噪声和畸变,即使在由多个中继站组成的系统中,噪声和畸变也不会积累,这就是数字通信作长距离通信时最突出的优点。目前光放大器已趋于成熟,可作为 1R 中继器(仅仅放大)代替 3R

或 2R 中继器,构成全光光纤通信系统,或与 3R 中继器构成混合中继方式,可大幅简化系统的结构。图 3-2-7 所示为数字光中继器框图。

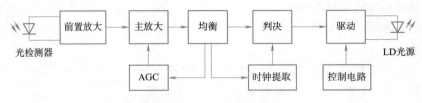

图 3-2-7　数字光中继器框图

光中继器除了没有接口设备和码型变换及控制设备之外,其他部件与光端机基本相同。

光中继器的结构因安装地点不同而有所区别。安装于机房的光中继器在结构上应与机房原有的设备配套。供电电源种类、引出线端子设置、设备工作环境要求也要统一。埋设于地下入孔和架空线路上的再生中继器要求箱体密封、防水、防腐蚀等。光中继器应有远供接收设备、遥测、遥控等性能,还能和有人维护站进行业务联络的功能,应能满足无人维护的要求。如果光中继器在直埋状态下工作,则要求更严格。

光中继器应该性能稳定、可靠性高、工作寿命长、功能完善、维护方便、成本合理,这些都是光中继器设计的重点。现在,工程中应用的光中继器采用集成结构的光收发模块,并将其监控纳入网络管理系统,其结构简便、维护方便。

三、掌握光放大器原理

下面以掺铒光纤放大器为例说明光放大器的工作原理。

图 3-2-8 所示为掺铒光纤放大器(EDFA)的工作原理,说明了光信号为什么会放大的原因。从图 3-2-8(a)可以看到,在掺铒光纤(EDF)中,铒离子(Er^{3+})有三个能级:其中能级 1(E_1)代表基态,能量最低;能级 2(E_2)是亚稳态,处于中间能级;能级 3(E_3)代表激发态,能量最高。当泵浦(Pump,抽运)光的光子能量等于能级 3 和能级 1 的能量差时,铒离子吸收泵浦光从基态跃迁到激发态($1 \sim 3$),但是激发态是不稳定的,Er^{3+} 很快返回到能级 2。如果输入的信号光的光子能量等于能级 2 和能级 1 的能量差,则处于能级 2 的 Er^{3+} 将跃迁到基态,产生受激辐射光,因而信号光得到放大。由此可见,这种放大是由于泵浦光的能量转换为信号光的结果。为提高放大器增益,应提高对泵浦光的吸收,使基态 Er^{3+} 尽可能跃迁到激发态。图 3-2-8(b)所示 EDFA 增益和吸收频谱。

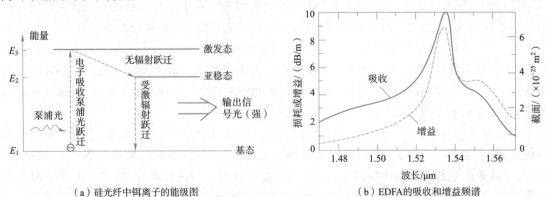

（a）硅光纤中铒离子的能级图　　　　　（b）EDFA的吸收和增益频谱

图 3-2-8　掺铒光纤放大器的工作原理

图 3-2-9(a)所示为输出信号光功率与输入泵浦光功率的关系。由图可见,泵浦光功率转换为信号光功率的效率很高,达到 92.6%,当泵浦光功率为 60 mW 时,吸收效率[即(输出信号光功率-输入信号光功率)/泵浦光功率]为 88%。

图 3-2-9(b)所示为小信号增益和泵浦光功率的关系,当泵浦光功率小于 6 mW 时,增益线性增加,增益系数为 6.3 dB/mW。

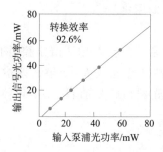 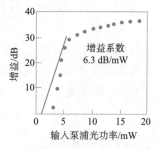

(a)输出信号光功率与输入泵浦光功率的关系　　(b)小信号增益与泵浦光功率的关系

图 3-2-9　掺铒光纤放大器的特性

四、了解光放大器的分类

光放大器有半导体光放大器(SOA)和光纤放大器(OFA)两种类型。半导体光放大器的优点是小型化,容易与其他半导体器件集成;缺点是性能与光偏振方向有关,器件与光纤的耦合损耗大。光纤放大器的性能与光偏振方向无关,器件与光纤的耦合损耗很小,因而得到广泛应用。光纤放大器实际上是把工作物质制作成光纤形状的固体激光放大器,所以也称为光纤激光放大器。

根据放大机制不同,光纤放大器可分为掺稀土光纤放大器和非线性光纤放大器两类。

掺稀土光纤放大器是在制作光纤时采用特殊工艺,在光纤芯层沉积中掺入极小浓度的稀土元素,如铒、镨或铷等离子,可制作出相应的掺铒、掺镨或掺铷光纤。光纤中掺杂离子在受到泵浦光激励后跃迁到亚稳定的高激发态,在信号光诱导下,产生受激辐射,形成对信号光的相干放大。这种光纤放大器实质上是一种特殊的激光器,它的工作腔是一段掺稀土粒子光纤,泵浦光源一般采用半导体激光器。当前光纤通信系统工作在两个低损耗窗口,即 1.55 μm 波段和 1.31 μm 波段。选择不同的掺杂元素,可使放大器工作在不同窗口。

(一)掺铒光纤放大器

掺铒光纤放大器(Erbium Doped Fiber Amplifier,EDFA)工作在 1.55 μm 窗口的损耗系数较 1.31 μm 窗口的低,仅为 0.2 dB/km。已商用的 EDFA 噪声低、增益曲线好、放大器带宽大,与波分复用(WDM)系统兼容,泵浦效率高,工作性能稳定,技术成熟,在现代长途高速光通信系统中备受青睐。目前,"掺铒光纤放大器(EDFA)+密集波分复用(DWDM)+非零色散光纤(NZDF)+光子集成(PIC)"正成为国际上长途高速光纤通信线路的主要技术方向。

(二)掺镨光纤放大器

掺镨光纤放大器(Praseodymium Doped Fiber Amplifier,PDFA)工作在 1.31 μm 波段,已敷设的光纤 90% 都工作在这一窗口。PDFA 对现有通信线路的升级和扩容有重要的意义。目前已经研制出低噪声、高增益的 PDFA,但是,它的泵浦效率不高,工作性能不稳定,增益对温度敏

感,离实用还有一段距离。

（三）非线性光纤放大器

非线性光纤放大器(Optical Fiber Amplifier,OFA)是利用光纤的非线性实现对信号光放大的一种激光放大器。当光纤中光功率密度达到一定阈值时,将产生受激拉曼散射(SRS)或受激布里渊散射(SBS),形成对信号光的相干放大。非线性 OFA 可分为拉曼光纤放大器(RFA)和布里渊光纤放大器(BFA)。目前研制出的 RFA 尚未商用化。

（四）半导体激光放大器

其结构大体上与激光二极管相同。如果在 F-P 腔(法布里-珀罗谐振腔)两个端面镀反射率合适的介质膜就可形成 F-P 型 LD 光放大,又称驻波垫光放大;如果在两端面根本不镀介质膜或者增透膜,则形成行波型光放大。半导体激光器指的是前者,而半导体光放大器指的是后者。

五、掌握光放大器的相关指标

（一）光放大器的增益

1. 增益 G 与增益系数 g

放大器的增益定义为

$$G = \frac{P_{\text{out}}}{P_{\text{in}}} \tag{3-2-1}$$

式中,P_{out}、P_{in} 分别为放大器输出端与输入端的连接信号功率。放大器增益与增益系数 g 有关,在沿光纤方向上,增益系数和光纤中掺杂的浓度有关,还和该处信号光和泵浦光的功率有关,所以它应该是长度的函数,即

$$D_{\text{p}} = g(z)P(z)\,\mathrm{d}z \tag{3-2-2}$$

参数说明:

D_{p}:增益系数,表示光纤中信号光的增益大小。

$g(z)$:增益系数的函数,表示在沿光纤长度方向 z 处的掺杂浓度和功率密度下的增益系数。

$P(z)$:光纤中泵浦光的功率密度,它决定了在该处光纤中掺杂的浓度。

$\mathrm{d}z$:光纤长度中的微小段,用于计算微小段内的增益系数。

将 $g(z)$ 在光纤长度上进行积分并令始端功率为 P_{in},则得到

$$P(z) = P_{\text{in}}\exp\int_0^l g(z)\,\mathrm{d}z \tag{3-2-3}$$

对于给定光纤长度 l_1,光纤放大器的输出功率为

$$P_{\text{out}} = P_{\text{in}}\exp\int_0^{l_1} g(z)\,\mathrm{d}z \tag{3-2-4}$$

将式(3-2-4)代入式(3-2-1),可得

$$G = \exp\int_0^{l_1} g(z)\,\mathrm{d}z \tag{3-2-5}$$

2. 放大器的带宽

人们希望放大器的增益在很宽的频带内与波长无关。这样在应用这些放大器的系统中,便可放宽单通道传输波长的容限,也可在不降低系统性能的情况下,极大地增加 WDM 系统的通道数目。但实际放大器的放大作用有一定的频率范围,定义小信号增益低于峰值小信号增益

$N(\text{dB})$ 的频率间隔为放大器的带宽,通常 $N = 3$ dB,因此在说明放大器带宽时应该指明 N 值的大小。当取 3 dB 时,G 降为 G_0(信号增益的峰值)的一半,因而也称为半高全宽带宽。

3. 增益饱和与饱和输出功率

由于信号放大过程消耗了高能级上的粒子,因而使增益系数减小,当放大器增益减小为峰值的一半时,所对应的输出功率称为饱和功率,这是放大器的一个重要参数。

(二)放大器噪声

放大器本身产生噪声,放大器噪声使信号的信噪比 SNR 下降,造成对传输距离的限制,是光纤放大器的另一重要指标。

1. 光纤放大器的噪声来源

光纤放大器的噪声主要来自它的放大自发辐射(Amplified Spontaneous Emission, ASE)。在激光器中,自发辐射是产生激光振荡必不可少的,而在放大器中它却是噪声的主要来源,它与放大的信号在光纤中一起传输、放大,降低了信号光的信噪比。

2. 噪声系数

由于放大器中产生自发辐射噪声,使得放大后的信噪比下降。任何放大器在放大信号时必然要增加噪声,劣化信噪比。信噪比的劣化用噪声系数 F_n 来表示。它定义为输入信噪比与输出信噪比之比,即

$$F_n = \frac{(\text{SNR})_{\text{in}}}{(\text{SNR})_{\text{out}}} \tag{3-2-6}$$

$(\text{SNR})_{\text{in}}$ 和 $(\text{SNR})_{\text{out}}$ 分别代表输入与输出的信噪比。它们都是在接收机端将光信号转换成光电流后的功率来计算的。

项目小结

通过本任务的学习,可认识光纤通信系统中使用的光源以及不同光源的特性,了解光中继器的作用和原理,掌握光放大器的分类及光放大器的相关指标。

光纤连接器是光纤与光纤之间进行可拆卸(活动)连接的器件,它是把光纤的两个端面精密对接起来,以使发射光纤输出的光能量能最大限度地耦合到接收光纤中。光纤连接器一般有两类:活动型光纤连接器和固定型光纤连接器。

光纤耦合器的作用是实现光信号功率在不同光纤间的分配或组合。

光波分复用器的作用是将多个波长不一的信号光融入一根光纤或者将融合在一根光纤中的多个波长不一的信号光分路。

光纤布拉格光栅(FBG)应用在光纤通信中作为波分复用器件,用于构造温度或应变光纤传感器,在光纤激光器中作为反射镜等。

光隔离器能够使光信号单向传输,所以它经常被安装在光路的特定位置,防止光路中由于各种原因产生的后向传输光对光源以及光路系统产生的不良影响。

光环行器是在光通信中应用广泛,它可以完成正反向传输光的分离任务。

光滤波器是用来进行波长选择的仪器,它可以从众多的波长中挑选出所需的波长。

光衰减器是用于对光功率进行衰减的器件。

常见的半导体光源有半导体发光二极管(LED)和半导体激光器(LD)。它们的发光原理不

同,工作特性也不相同。

光中继器的功能是补偿光的衰减,对失真的脉冲信号进行整形。光放大器有半导体光放大器(SOA)和光纤放大器(OFA)两种类型。

 拓展学习

光通信器件根据其物理形态的不同,一般可以分为芯片、光有源器件、光无源器件、光模块与子系统这四大类,越高速率光模块光芯片成本越高。一般高端光模块中,光芯片的成本接近50%。

全球光模块产业链分工明确,我国经过多年发展已成为全球光模块制造基地,研发出多个全球市占率领先的光模块品牌。

高速率是光模块的未来发展必然趋势,随着光模块向400 Gbit/s、800 Gbit/s甚至1.6 Tbit/s等高速率演进,以Tbit/s的光纤传输速率或将成为光通信传输速率的瓶颈,而硅光子集成技术具备的超高传输速率能打破这一瓶颈,实现Pbit/s量级的传输。基于5G通信技术的优势,国家积极推进5G研发及产业应用,未来产业发展前景广阔,将带动光模块行业的持续发展。

※思考与练习

一、填空题

1. 光纤连接器一般有两类,即_____光纤连接器和固定型光纤连接器。常见的光纤连接头类型有_____、_____、_____、_____。

2. _____又称分歧器、连接器、适配器、光纤法兰盘,是用于实现光信号分路/合路,或用于延长光纤链路的元件,属于光被动元件领域。

3. 常见的半导体光源有_____和_____,其中_____利用的是受激辐射发光,而_____利用的是自发辐射发光。

4. _____的功能是补偿光的衰减,对失真的脉冲信号进行整形。

5. 当激光器注入电流增加时,受激发射量增加,一旦超过 PN 结中光的吸收损耗,激光器就开始振荡,于是光输出功率急剧增大,使激光器发生振荡时的电流称为_____。

6. 光放大器有_____和_____两种类型。

二、判断题

1. 光隔离器的作用是将多个波长不一的信号光融入一根光纤或者将融合在一根光纤中的多个波长不一的信号光分路的器件。　　　　　　　　　　　　　　　　　　　(　　)

2. 光纤光栅可以应用在光纤通信中作为波分复用器件,用于构造温度或应变光纤传感器,在光纤激光器中作为反射镜等。　　　　　　　　　　　　　　　　　　　　　(　　)

3. 光滤波器可以完成正反向传输光的分离任务。　　　　　　　　　　　　　　(　　)

4. 和激光器相比,发光二极管输出光功率较小,谱线宽度较宽,调制频率较低。但发光二极管性能稳定,寿命长,输出光功率线性范围宽,而且制造工艺简单,价格低廉。因此,这种器件在大容量长距离系统中发挥了重要作用。　　　　　　　　　　　　　　　　　(　　)

5. 当注入电流较小时,发光二极管的输出功率曲线基本是线性的,所以 LED 广泛用于模拟信号传输系统。　　　　　　　　　　　　　　　　　　　　　　　　　(　　)

6. 发光二极管的发射光谱比半导体激光器宽很多,发光二极管对光纤传输带宽的影响也因此比激光器大。因光纤的色散与光源谱宽成比例,故 LED 不能用于长距离传输。 （ ）

7. 温度对发光二极管的光功率影响比半导体激光器要小。 （ ）

四、简答题

1. 简述光隔离器的使用场景有哪些。

2. 请画出半导体激光器的光输出特性图,并做简要说明。

3. 请画出发光二极管的光输出特性图,并做简要说明。

4. 简述光滤波器的主要功能有哪些。

5. 简述光衰减器的作用有哪些。

6. 比较激光器和发光二极管的发光特性和各自的优势。

7. 简述 LED 和 LD 的应用场景。

8. 简述光放大器的增益是如何定义的,与哪些因素有关。

9. 光纤放大器如何分类,各有什么优点和缺点?

10. 简述光中继器在设计过程中需要考虑哪些要素。

项目四

学习光纤通信网络

任务一 学习 SDH 原理

任务描述

光纤、光发射器、光检测器、光中继器、光放大器都是应用于光纤通信系统中的;光纤通信系统主要应用于 SDH 网络、PTN 网络、WDM 网络、OTN 网络等。本任务主要讲述典型的 SDH 网络。

任务目标

- 识记:SDH(同步数字系列)网络的特点。
- 领会:SDH 速率与帧结构复用、光纤通信系统的设计与中继距离估算、SDH 光接口测试。
- 应用:SDH 网络的拓扑结构和自愈网。

任务实施

一、分析 SDH 的产生及特点

(一)SDH 的产生

●微视频

光网络发展
概述

●微视频

SDH的产生
与特点

20 世纪 80 年代中期以来,光纤通信在电信网中获得了大规模应用。其应用场合已逐步从长途通信、市话局间中继通信转向用户接入网。光纤通信的廉价、优良的带宽特性正使其成为电信网的主要传输手段。然而,随着电信网的发展和用户要求的提高,光纤通信中的准同步数字体系(PDH)正暴露出一些固有的弱点。

(1)只有地区性的数字信号传输速率和帧结构标准,没有世界性标准。例如，北美的传输速率标准是 1.5 Mbit/s—6.3 Mbit/s—45 Mbit/s—$N \times 45$ Mbit/s，同样体制的日本的标准是1.5 Mbit/s—6.3 Mbit/s—32 Mbit/s—100 Mbit/s—400 Mbit/s，而欧洲的标准则为2 Mbit/s—8 Mbit/s—34 Mbit/s—140 Mbit/s。这三者互不兼容，造成国际互通困难。

（2）没有世界性的标准光接口规范，导致各个厂家自行开发的专用光接口大量滋生。这些专用光接口无法在光路上互通，只有通过光/电转换成标准电接口（G.703 界面）才能互通，这就限制了互联网应用的灵活性，也增加了网络的复杂性和运营成本。

（3）准同步系统的复用结构除了几个低速率等级的信号（如北美为 1.5 Mbit/s，欧洲为 2 Mbit/s）采用同步复用外，其他多数等级的信号采用异步复用，即靠塞入一些额外比特使各支路信号与复用设备同步并复用成高速信号。这种方式难以从高速信号中识别和提取低速支路信号。复用结构不仅复杂，而且缺乏灵活性，硬件数量大，上下业务费用高，数字交叉连接功能（DXC）的实现十分复杂。

（4）传统的准同步系统的网络运行、管理和维护（OAM）主要靠人工的数字信号交叉连接和停业务测试，因而复用信号帧结构中不需要安排很多用于网络 OAM 的比特。目前，需要更多的辅助比特以进一步改进网络 OAM 能力，而准同步系统无法适应不断演变的电信网要求，难以很好地支持新一代的网络。

（5）由于建立在点对点传输基础上的复用结构缺乏灵活性，使数字信道设备的利用率很低，非最短的通信路由占了业务流量的大部分。可见这种建立在点到点传输基础上的体制无法提供最佳的路由选择，也难以经济地提供不断出现的各种新业务。

另外，用户和网络的要求正在不断变化，一个现代电信网要求能迅速地、经济地为用户提供电路和各种业务，最终希望能对电路带宽和业务提供在线实时控制和按需供给。

显然，要想圆满地在原有技术体制和技术框架内解决这些问题是事倍功半、得不偿失的。唯一的出路是从技术体制上进行根本的改革。以微处理器支持的智能网元的出现有力地支持了这种网络技术体制上的重大变革，是一种有机地结合了高速大容量光纤传输技术和智能网元技术的新体制——光同步传输网应运而生。

最初，这一技术是由贝尔通信研究所提出来的，称为同步光网络（SONET）。制定 SONET 标准的最初目的是阻止互不兼容的光接口的大量滋生，实现标准光接口，便于厂家设备在光路上互通。国际电信联盟标准部（ITU-T）的前身国际电报电话咨询委员会（CCITT）于 1988 年接受了 SONET 概念，并重新命名为同步数字体系（SDH），使其成为不仅适于光纤也适于微波和卫星传输的通用技术体制。为了建立世界性的统一标准，ITU-T 在光电接口、设备功能和性能、管理体制以及协议和信令方面进行了重要修改和扩展，并于 1988—1995 年分别通过了有关 SDH 的 16 个标准，涉及比特率、网络节点接口、复用结构、复用设备、网络管理、线路系统和光接口、SDH 信息模型、网络结构、抖动性能、误码性能和环状网等内容。SDH 技术自从 20 世纪 90 年代引入以来，至今已经是一种成熟、标准的技术，在骨干网中被广泛采用，且价格越来越低。在接入网中应用 SDH 技术可以将核心网中的巨大带宽优势和技术优势带入接入网领域，充分利用 SDH 同步复用、标准化的光接口、强大的网管能力、灵活网络拓扑能力和高可靠性，在接入网的建设发展中长期受益。

（二）SDH 网的特点

作为一种传输网体制，SDH 网有下列主要特点：

（1）使 1.5 Mbit/s 和 2 Mbit/s 两大数字体系（三个地区性标准）在 STM-1 等级以上获得统

一。今后,数字信号在跨越国界通信时,不再需要转换成另一种标准,第一次真正实现了数字传输体制上的世界性标准。

(2)采用了同步复用方式和灵活的复用映像结构。各种不同等级的码流在帧结构净负荷内的排列是有规律的,而净负荷与网络是同步的,因而只需利用软件即可使高速信号一次直接分插出低速支路信号,即一步复用特性。这样就省去了全套背靠背复用设备,使网络结构得以简化,上下业务十分容易,也使数字交叉连接功能的实现大大简化。利用同步分插功能还可以实现自愈环状网,提高网络的可靠性和安全性。此外,背靠背接口的减少还可以改善网络的业务透明性,便于端到端的业务处理,使网络易于容纳和加速各种新的宽带业务的引入。

(3)SDH 帧结构中安排了丰富的开销比特(大约占信号的5%),因而使网络的 OAM 能力大大加强。此外,由于 SDH 中的 DXC(Digital Cross Connect Equipment,数字交叉连接设备)和 ADM 等一类网元是智慧化的,通过嵌入在 SOH(段开销)中控制通路可以使部分网络管理能力分配(即软件下线)到网元,实现分布式管理,使新特性和新功能的开发变得比较容易。例如,在 SDH 中可实现按需动态分配网络带宽,网络中任何地方的用户都能很快获得所需要的具有不同带宽的业务。

(4)由于将标准光接口综合进各种不同的网元,减少了将传输和复用分开的需要,从而简化了硬件,缓解了布线拥挤。例如,网元有了标准光接口后,光纤可以直通到 DXC,省去了单独的传输和复用设备,以及又贵又不可靠的人工数字配线架。此外,有了标准光接口信号和通信协议后,使光接口成为开放型接口,还可以在基本光缆段上实现横向兼容,满足多厂家产品环境的要求,降低了联网成本。

(5)由于用一个光接口代替了大量电接口,因而 SDH 网所传输的业务信息可以不必经由常规准同步系统所具有的一些中间背靠背电接口而直接经光接口通过中间节点,省去了大量的相关电路单元和跳线光缆,使网络的可用性和误码性能都获得改善,而且使运营成本减少20%~30%。

(6)SDH 网与现有网络能完全兼容,即可以兼容现有准同步数字体系的各种速率。同时,SDH 网还能容纳各种新的业务信号,如高速局域网的光纤分布式数据接口(FDDI)信号、城域网的分布排队双总线(DQDB)信号及宽带综合业务数字网中的异步传递模式(ATM)信号。

简言之,SDH 网具有完全的后向兼容性和前向兼容性。上述特点中最核心的有三条,即同步复用、标准光接口和强大的网管能力。

当然,SDH 作为一种新的技术体制不可能尽善尽美,必然会有一些不足之处。

(1)频带利用率不如传统的 PDH 系统。PDH 系统的数据传输速率为 139.2 Mbit/s,可以收容64 个 2 Mbit/s 系统,而 SDH 的 155.52 Mbit/s 却只能收容 63 个 2 Mbit/s 系统;PDH 系统的数据传输速率为 139.2 Mbit/s,可以收容 4 个 34.368 Mbit/s 系统,而 SDH 的 155.5 Mbit/s 却只能收容 3 个。当然,上述安排可以换来网络运用上的一些灵活性,但毕竟使频带利用率降低了。

(2)技术上和功能上的复杂性大大增加。在传统 PDH 系统中,64 个 2.048 Mbit/s 到 139.2 Mbit/s 的复用/分用只需 10 万个等效门电路即可。而 SDH 中,63 个 2 Mbit/s 到 155.5 Mbit/s 复用/分用共需要 100 万个等效门电路。好在采用亚微米超大规模集成电路技术后,成本代价还不算太高。

(3)在从 PDH 到 SDH 的过渡时期,会形成多个 SDH"同步岛"经由 PDH 互联的局面。这样,由于指针调整产生的相位跃变使经过多次 SDH/PDH 变换的信号在低频抖动和漂移性能上会遭受比纯粹 PDH 或 SDH 信号更严重的损伤,需要采取有效的相位平滑措施才能满足抖动和漂移性能要求。

（4）由于 ADM/DXC 的自选路由难以区分来历不同的 2.048 Mbit/s 信号,使得网同步的规划管理和同步性能的保证增加了相当的难度。

（5）由于大规模地采用软件控制和将业务集中在少数几个高速链路和交叉连接点上,使软件几乎可以控制网络中的所有交叉连接设备和复用设备。这样,在网络层上的人为错误、软件故障乃至计算机病毒的入侵可能导致网络出现重大故障,甚至造成全部瘫痪。为此必须仔细地测试软件,选用可靠性较好的网络拓扑。

综上所述,SDH 以其明显的优越性已成为传输网发展的主流。SDH 技术与一些先进技术相结合,如光波分复用(WDM)、ATM 技术、Internet 技术(Packet over SDH)等,使 SDH 网络的作用越来越大。

二、了解 SDH 的速率与帧结构

微视频

SDH速率等级与帧结构

同步数字体系信号的最基本、最重要的模块信号是 STM-1,其传输速率为 155.520 Mbit/s,相应的光接口线路信号只是 STM-1 信号经扰码后的电/光转换结果,因而速率不变。更高等级的 STM-N 信号可以近似看作将基本模块信号 STM-1 按同步复用、经字节间插后的结果。其中 N 是正整数。目前 SDH 只能支持一定的 N 值,即 N 为 1、4、16、64 和 256。

SDH 网的一个关键功能是要求能对支路信号(2/34/140 Mbit/s)进行同步数字复用、交叉连接和交换,因而帧结构必须能适应所有这些功能。同时也希望支路信号在一帧内的分布是均匀的、有规律的,以便于接入和取出。最后,还要求帧结构对 1.5 Mbit/s 系列和 2 Mbit/s 系列信号都能同样的方便和实用。这些要求导致 ITU-T 最终采纳了一种以字节结构为基础的矩形块状帧结构,其结构安排如图 4-1-1 所示。块状帧结构由 270 × N 列和 9 行字节组成。对于 STM-1 而言,帧长度为 270 × 9 = 2 430 B,相当于 2 430 × 8 = 1 9440 bit,用时间来表示即为 125 μs。表示成二维的帧结构中字节的传输是从左到右按行进行的,首先由图中左上角第一个字节开始,从左向右,由上而下按顺序传送,直至整个 9 × 270 个字节都送完再转入下一帧。这个二维帧,用示波器来观察还是一维的。二维只不过是一种描述方法而已。如此一帧一帧地传送,每秒共传 8 000 帧。

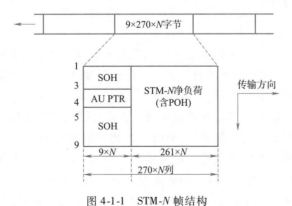

图 4-1-1　STM-N 帧结构

由图 4-1-1 可知,整个帧结构大体上可以分为三个区域。

（一）了解段开销区域

段开销(SOH)是指 STM 帧结构中为了保证信息正常灵活传送所附加的字节,这些附加字节主要是供网络运行、管理和维护使用的。图 4-1-1 中第 1 至第 $9 \times N$ 列,第 1~3 行和第 5~9 行的 $8 \times 9 \times N$ 个字节已分配给段开销。对于 STM-1 而言,相当每帧有 72 字节(576 位)可用于段开销。由于每秒传 8 000 帧,因而,STM-1 有 4.608 Mbit/s 可用于网络运行、管理和维护目的。可见段开销是相当丰富的,这是光同步传输网的重要特点之一。

(二)认识信息净负荷区域

信息净负荷(Payload)区域就是帧结构中存放各种信息的地方。图 4-1-1 中第 $10 \times N$ 至第 $270 \times N$ 列,第 1~9 行的 $261 \times 9 \times N$ 个字节都处于净负荷区域。当然,其中还含有少且用于通信性能监视、管理和控制的信道开销字节(POH)。通常,POH 作为净负荷的一部分并与其一起在网络中传送。

(三)管理单元指针(AU-PTR)区域

指针是一组码,其值大小表示信息在净负荷区所处的位置,调整指针就是调整净负荷包封和 STM-N 帧之间的频率和相位,以便在接收端正确地分解出支路信号。图 4-1-1 中第 $1 \sim 9 \times N$ 列、第 4 行的 $9 \times N$ 个字节是指针所处的位置。

SDH 帧结构中安排有两大类不同的开销,即段开销 SOH 和通道开销 POH,分别用于段层和通道层的维护,可见开销是分层使用的。

(1)段开销 SOH。SOH 中包含有定帧信息,用于维护和性能监视的信息及其他操作功能。SOH 可以进一步划分为再生段开销(RSOH)和复用段开销(MSOH)。其中,RSOH 既可以在再生器接入,又可以在终端设备接入,而 MSOH 将透明地通过再生器,只能在 AUG 的组合点和分解点即终端设备处终结。在 SOH 中,第 1~3 行分给 RSOH,用于再生段。每经过一个再生段更换一次 RSOH,而第 5~9 行则分给 MSOH,用于复用段,每经过一个复用段更换一次 MSOH。

(2)通道开销 VC POH。VC POH 也可以分为两类:①低阶 VC POH(VC-1/VC-2 POH),将低阶 VC POH 附加给 C-1/C-2 即可形成 VC-1/VC-2。其主要功能有 VC 信道功能监视、维护信号及告警状态指示等。②高阶 VC POH(VC-3/VC-4 POH),将 VC-3 POH 附加给 C-3 或者多个 TUG-2 的组合体便形成了 VC-3,而将 VC-4 POH 附加给 C-4 或者多个 TUG-3 的组合体即形成 VC-4。高阶 VC POH 的主要功能有 VC 信道性能监视、告警状态指示、维护信号及复用结构指示等。

三、掌握 SDH 的复用

(一)SDH 概述

●微视频

SDH复用与映射

通常有两种传统方法可以将低速支路信号复用成高速信号。其一是正比特塞入法,又称正码速调整。它利用位于固定位置的比特塞入指示来显示塞入的比特究竟是真实数据还是伪数据。其二是固定位置映像法,即利用低速支路信号在高速信号中的特殊固定比特位置来携带低速同步信号。这种方法在数字交换机用得较多时比较可行,此时可以将传输信号同步于网络时钟。这种方法允许比较方便地接入和取出传送支路净负荷,但不能保证高速信号与支路信号的相位对准,以及由于同步网故障或工作于准同步网环境而产生的两者之间的小频率差,因此在复用设备接口处需要用 125 μs 的缓存器来进行相位对准和频率校正,从而导致信号延时和滑动性能损伤。

在 SDH 中用了净负荷指针技术,这样既可以避免采用 125 μs 缓存器和信号在复用设备接口的滑动损伤,又允许容易地接入同步净负荷。严格地说,指针指示了净负荷在 STM-N 帧内第一个字节的位置,因而净负荷在STM-N帧内是浮动的。对于净负荷的不大的频率变化,只需增加或减小指针值即可。这种方法比较完整地结合了正比特塞入法和固定位置映像法的特点,而付出的代价是必须处理指标和由于指标处理所引入的抖动。使用超大规模集成电路技术可以解决这一问题。

(二)了解基本复用映像结构

同步复用和映像方法是 SDH 最有特色的内容之一,它使数字复用由 PDH 固定的大量硬件配置转变为灵活的软件配置。

图 4-1-2 所示为我国目前采用的基本复用映像结构。其特点是采用了 AU-4 路线,主要考虑目前 PDH 中应用最广的 2 Mbit/s 和 140 Mbit/s 支路接口,若有需要(如 IP 和图像业务)也可提供 34 Mbit/s 的支路接口,因此目前提供了 2 Mbit/s、34 Mbit/s、140 Mbit/s 的支路界面。今后对于某些应用,如国际租用业务可能需要提供 1.544 Mbit/s 的透明支路,可用 C-11 到 VC-12 到 TU-12 的方式进行映像;对图像业务和局域网业务,在 4~34 Mbit/s 之间。而 SDH 可以为其提供 VC-2、VC-2 的级联等方式来传输。而 44 736 kbit/s 接口主要用作传送 IP 业务及高质量的图像业务。图 4-1-2 中所涉及的各单元名称及定义如下:

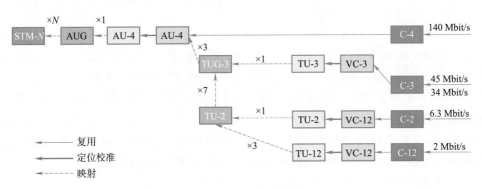

图 4-1-2　我国目前采用的映像结构

1. 容器

容器(C)是一种用来装载各种速率业务信号的信息结构,容器种类有 C-11、C-12、C-2、C-3 和 C-4,我国仅涉及 C-12、C-3、C-4。

2. 虚容器

虚容器(VC)是用来支持 SDH 信道层连接的信息结构,可分成低阶 VC 和高阶 VC 两种。VC 由容器 C 输出的信息净负荷和信道开销 POH 组成。

VC 是 SDH 中可以用来传输、交换、处理的最小信息单元,一般将传送 VC 的实体称为信道。虚容器可分为低阶虚容器和高阶虚容器,其中 VC11、VC12、VC2 和 TU-3 前的 VC-3 为低阶虚容器;VC-4 和 AU-3 中的 VC-3 为高阶虚容器。

3. 支路单元

支路单元(TU)是一种在低阶信道层和高阶信道层间提供适配功能的信息结构,它由信息净负荷和指示净负荷帧起点相对于高阶 VC 帧起点偏移量的支路单元指针(TU-PTR)构成。指针用来指示虚容器在高一阶虚容器的位置,这种净负荷中对虚容器位置的安排称为定位。

4. 支路单元组

支路单元组(TUG)是由一个或多个高阶 VC 净负荷中占据固定位置的支路单元组成。

5. 管理单元

管理单元(AU)是在高阶通道层和复用段层之间提供适配功能的信息结构,它由信息净负荷和指示净负荷帧起点相对于复用段起点偏移量的管理单元指针组成。

6. 管理单元组

管理单元组(AUG)是由一个或多个在 STM 净负荷中占据固定位置的管理单元组成。

7. 同步传输模块

同步传输模块(STM-N)由 N 个 STM-1 同步复用成 STM-N。

PDH 信号转变成 SDH 标准信号的过程如下:

首先,各种速率等级的数字流先进入相应的不同界面容器(C)。这些容器是一种信息结构,主要完成适配功能(如速率调整)。由标准容器出来的数字流加上信道开销(POH)后就构成了虚容器(VC),VC 的包封速率是与网络同步的,因而不同 VC 的包封是互相同步的。除了在 VC 的组合点和分解点(即 PDH/SDH 网边界处)外,VC 在 SDH 网中传输时总是保持完整不变的,因而可以作为一个独立的实体在信道中任一点取出或插入,进行同步复用和交叉连接处理,十分方便和灵活。由 VC 出来的数字流再按图中规定路线进入管理单元(AU)或支路单元(TU)。

AU 由高阶 VC 和 AU-PTR 组成,其中 AU-PTR 指明高阶 VC 在 STM-N 帧内的位置,因而允许高阶 VC 在 STM-N 帧内的位置是浮动的,但 AU-PTR 本身在 STM-N 帧内位置是固定的。在 STM 帧中管理单元组(AUG)由若干 AU-3 或单个 AU-4 按字节间插方式均匀组成。

在 AU 和 TU 中要进行速率调整,因而低一级数位流在高一级数位流中的起始点是浮动的。为了准确地确定起始点的位置,设置两种指针(AU-PTR 和 TU-PTR)分别对高阶 VC 在相应 AU 帧内的位置以及 VC-1、VC-2、VC-3 在相应 TU 帧内的位置进行灵活动态的定位。最后,在 N 个 AUG 的基础上再附加段开销(SOH),便形成了最终的 STM-N 帧结构。

综上所述,各种信号复用映像进 STM-N 帧的过程需要经过以下三个步骤:

(1)映像:将支路信号适配进相应的虚容器的过程。

(2)定位:将帧偏移信息收进 TU 或 AU 的过程,依靠 TU-PTR 或 AU-PTR 功能来实现。

(3)复用:将多个低阶信道层信号适配进高阶信道或将多个高阶信道层信号适配进复用段层的过程,基本方法是字节间插。

四、熟悉 SDH 网络的拓扑结构与自愈网

(一)SDH 网的基本概念

微视频

SDH拓扑结构

SDH 网是由一些 SDH 网元(NE)组成的,在光纤上进行同步信息传输、复用、分插和交叉连接的网络。它有全世界统一的网络节点接口(NNI),从而简化了信号的互通以及信号的传输、复用、交叉连接和交换过程;它有一套标准化的信息结构等级(称为同步传送模块 STM-N),并具有一种块状帧结构,允许安排丰富的开销比特(即网络节点接口比特流中扣除净负荷后的剩余部分)用于网络的 OAM;它的基本网元有终端复用器(TM)、再生中继器(REG)、分插复用器(ADM)和同步数字交叉连接设备(SDXC)等,其功能各异,但都有统一的标准光接口,能够在基本光缆段上实现横向兼容性,即允许不同厂家设备在光路上互通;它有一套特殊的复用结构,允许现存准同步数字体系、同步数字体系和 B-ISDN 信号都能进入其帧结构,因而具有广泛的适应

性。它大量采用软件进行网络配置和控制,使得新功能和新特性的增加比较方便,适于将来不断发展。

光同步数字传输网早期应用时最重要的两个网元是终端复用器和分插复用器。终端复用器的主要任务是将低速支路电信号和 155 Mbit/s 电信号纳入 STM-1 帧结构,并经电/光转换为STM-1 光线路信号,其逆过程正好相反。而分插复用器是一种新型的网元,它将同步复用和数字交叉连接功能综合于一体,具有灵活的分插任意支路信号的能力,在网络设计上有很大的灵活性。

以从 140 Mbit/s 码流中分插一个 2 Mbit/s 低速支路信号为例,将采用把传统准同步复用器和 SDH 分插复用器的信号流图同时表示在图 4-1-3 中,以便对比。

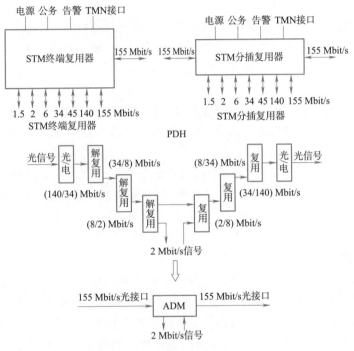

图 4-1-3　分插信号流图的比较

(二)基本物理拓扑

网络的物理拓扑泛指网络的形状,即网络节点和传输线路的几何排列,它反映了物理上的连接性。网络拓扑的概念对于 SDH 网的应用十分重要,特别是网络的效能、可靠性和经济性在很大程度上与具体物理拓扑有关。网络的基本物理拓扑有五种类型,如图 4-1-4 所示。

图 4-1-4　基本物理拓扑类型

1. 线状

当涉及通信的所有点串联起来,并使首尾两个点开放时就形成了线状拓扑,如在两个终端复用器(TM)中间接入若干分插复用器(ADM)就是典型的线状拓扑的应用。

理论篇

2. 星状（枢纽状）

当涉及通信的所有点中有一个特殊的点与其余所有点直接相连，而其余点之间互相不能直接相连时，就形成了星状拓扑，又称枢纽状拓扑。这种网络拓扑可以将枢纽站（即特殊点）的多个光纤终端统一成一个，并具有综合的带宽管理灵活性，使投资和运营成本大幅降低，但存在特殊点的潜在瓶颈问题和失效问题。

3. 树状

将点到点拓扑单元的末端点连接到几个特殊点时就形成了树状拓扑，树状拓扑可以看成是线状拓扑和星状拓扑的结合。这种拓扑结构适合于广播式业务，但存在瓶颈问题和光功率预算限制问题，也不适合提供双向通信业务。

4. 环状

当涉及通信的所有点串联起来，而且首尾相连，没有任何点开放时，就形成了环状网。这种网络拓扑的最大优点是具有很高的生存性，对现代大容量光纤网络至关重要，因而环状网在SDH网中受到特殊的重视。

5. 网孔状

当涉及通信的许多点直接互联时就形成了网孔状拓扑，网孔状结构不受节点瓶颈问题和失效问题的影响，两点间有多种路由可选，可靠性很高。但结构复杂、成本较高，适合那些业务量很大的地区。

综上所述，所有这些拓扑结构都各有特点，在网中都有可能获得不同程度的应用。网络拓扑的选择应考虑众多因素，如网络应有高生存性、网络配置应当容易、网络结构应当适合新业务的引进等。

（三）自愈网

1. 网络生存性

随着科学和技术的发展，现代社会对通信的依赖性越来越大，通信网络的生存性已成为至关重要的问题。近年来，一种称为自愈网（Self-healing Network）的概念应运而生。自愈网就是无须人为干预，网络就能在极短的时间内从失效故障中自动恢复所携带的业务，使用户感觉不到网络已出了故障。其基本原理就是使网络具备替代传输路由并重新确立通信的能力。自愈网的概念只涉及重新确立通信，而不管具体失效元器件的修复或更换，后者仍需要人工干预才能完成。

2. 自愈网的类型和原理

按照自愈网的定义可以有多种手段来实现自愈网，各种自愈网都需要考虑下面一些共同的因素：初始成本、要求恢复的业务量的比例、用于恢复任务所需的额外容量、业务恢复的速度、升级或增加节点的灵活性、易于操作运行和维护等。下面分别介绍各种具体的实现方法。

（1）线路保护倒换。最简单的自愈网形式就是传统 PDH 系统采用的线路保护倒换方式。其工作原理是当工作信道传输中断或性能劣化到一定程度后，系统倒换设备将主信号自动转至备用光纤系统传输，从而使接收端仍能接收到正常的信号而感觉不到网络已出了故障。这种保护方式的业务恢复时间很快，可短于 50 ms，它对于网络节点的光或电的元器件失效故障十分有效。但是，当光缆被切断时（这是一种经常发生的恶性故障），往往是同一缆芯内的所有光纤（包括主用和备用）一起被切断，因而上述保护方式就无能为力。

进一步的改进是采用地理上的路由备用。这样，当主通道路由光缆被切断时，备用通道路

58

由上的光缆不受影响,仍能将信号安全地传输到对端。这种路由备用方法配置容易,网络管理很简单,仍保持了快速恢复业务的能力。但该方案至少需要双份的光纤、光缆和设备,而且通常备用路由往往较长,因而成本较高。此外,该保护方法只能保护传输链路,无法提供网络节点的失效保护,因此主要适用于点到点应用的保护。对于两点间有稳定的较大业务量的场合,路由备用线路保护方法仍不失为一种较好的保护手段。

(2)环状网保护。将网络节点造成一个环状可以进一步改善网络的生存性和成本。网络节点可以是 DXC,也可以是 ADM。但通常环状网节点由 ADM 构成。利用 ADM 的分插能力和智能构成的自愈环是 SDH 的特色之一,也是目前研究工作十分活跃的领域。

自愈环结构可以划分为两大类:即通道倒换环和复用段倒换环。对于通道倒换环,业务量的保护是以通道为基础的,倒换与否按离开环的每一个信道信号质量的优劣而定,通常利用简单的信道 AIS 信号(告警信号)来决定是否应进行倒换;对于复用段倒换环,业务量的保护是以复用段为基础的,倒换与否按每一对节点间的复用段信号质量的优劣而定。

如果按照进入环的支路信号与由该支路信号分路节点返回的支路信号方向是否相同来区分,又可以将自愈环分为单向环和双向环。正常情况下,单向环中所有业务信号按同一方向在环中传输(如顺时针或逆时针);而双向环中,进入环的支路信号按一个方向传输,而由该支路信号分路节点返回的支路信号按相反的方向传输。

如果按照一对节点间所用光纤的最小数量来区分,还可以划分为二纤环和四纤环。

按照上述各种不同的分类方法可以区分出多种不同的自愈环结构。通常,通道倒换环主要工作在单向二纤方式,近来双向二纤方式的信道倒换环也开始应用,并在某些方面显示出一定的优点。而复用段倒换环既可以工作在单向方式又可以工作在双向方式,既可以工作在二纤方式又可以工作在四纤方式,实用化的结构主要是双向方式。下面以四个节点的环为例,介绍四种典型的实用的自愈环结构。

(1)二纤单向通道倒换环。单向环通常由两根光纤来实现,一根光纤用于传送业务信号,称为 S 光纤;另一根光纤用于保护,称为 P 光纤。单向通道倒换环使用"首端桥接,末端倒换"结构,如图 4-1-5(a)所示。业务信号和保护信号分别由光纤 S1 和 P1 携带。例如,在节点 A,进入环以节点 C 为目的地的支路信号(AC)同时馈入发送方向光纤 S1 和 P1,即双馈方式(1+1 保护)。其中,S1 光纤按顺时针方向将业务信号送至分路节点 C,P1 光纤按逆时针方向将同样的支路信号送至分路节点 C。接收端分路节点 C 同时收到两个方向来的支路信号,按照分路信道信号的优劣决定选哪一路作为分路信号。正常情况下,以 S1 光纤送来的信号为主信号。同理,从 C 点插入环以节点 A 为目的地的支路信号(CA)按上述同样方法送至节点 A,即 S1 光纤所携带的 CA 信号(旋转方向与 AC 信号一样)为主信号在节点 A 的分路。

当 B、C 节点间光缆被切断时,两根光纤同时被切断,如图 4-1-5(b)所示。在节点 C,由于从 A 经 S1 光纤来的 AC 信号丢失,按信道选优准则,倒换开关将由 S1 光纤转向 P1 光纤,接收由 A 节点经 P1 光纤而来的从信号作分路信号,从而使 AC 间业务信号仍得以维持,不会丢失。故障排除后,开关返回原来位置。

二纤双向通道环也已开始应用,其中 1+1 方式与单向通道倒换环基本相同,只是返回信号沿相反方向返回而已,其主要优点是在无保护环或线形应用场合下具有通道再用功能,从而使总的分插业务量增加。1:1 方式需要使用 APS 字节协议,但可以用备用通路传输额外业务量,可选较短路由,易于查找故障。最主要的是由 1:1 方式可以进一步演变发展成双向信道保护环,由用户决定只对某些重要业务实施保护,无须保护的通道可以在节点间重新再用,从而大幅提高了可用业务容量。缺点是需要由网管系统进行管理,保护恢复时间大幅增加。

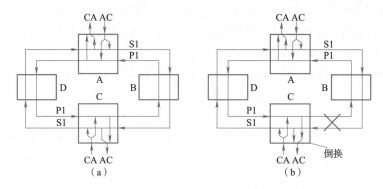

图 4-1-5　二纤单向通道倒换环

（2）二纤单向复用段倒换环。这种环状结构中节点在支路信号分插功能前的每一高速线路上都有一保护倒换开关,如图 4-1-6(a)所示。在正常情况下,低速支路信号仅从 S1 光纤进行分插,保护光纤 P1 是空闲的。当 BC 节点间光缆被切断时,两根光纤同时被切断,与光缆切断点相邻的两个节点 B 和 C 的保护倒换开关将利用 APS 协议执行环回功能,如图 4-1-6(b)所示:在 B 节点,S1 光纤上的高速线路信号(AC)经倒换开关从 P1 光纤返回,沿逆时针方向经 A 节点和 D 节点仍然可以到达 C 节点,并经 C 节点倒换开关环回到 S1 光纤并落地分路。其他节点(指 A 和 D)的作用是确保 P1 光纤上传的业务信号在本节点完成正常的桥接功能,畅通无阻地传向分路节点。这种环回倒换功能能保证在故障状况下仍维持环的连续性,使低速支路上的业务信号不会中断。故障排除后,倒换开关返回其原来位置。

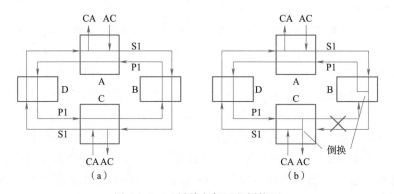

图 4-1-6　二纤单向复用段倒换环

（3）四纤双向复用段倒换环。双向环通常工作在复用段倒换方式,但既可以有四纤方式,又可以有二纤方式。四纤双向环很像线形的分插链路自我折叠而成(一主一备),它有两根业务光纤(一发一收)和两根保护光纤(一发一收)。其中业务光纤 S1 形成一顺时针业务信号环,业务光纤 S2 形成一逆时针业务信号环,而保护光纤 P1 和 P2 分别形成与 S1 和 S2 反方向的两个保护信号环,在每根光纤上都有一个倒换开关作保护倒换用,如图 4-1-7(a)所示。

　　正常情况下,从 A 节点进入环以 C 节点为目的地的低速支路信号顺时针沿 S1 光纤传输,而由 C 节点进入环,以 A 节点为目的地的返回低速支路信号则逆时针沿 S2 光纤传回 A 节点。

保护光纤 P1 和 P2 是空闲的。

当 BC 节点间光缆被切断时，四根光纤全部被切断。利用 APS 协议，B 和 C 节点中各有两个倒换开关执行环回功能，从而得以维持环的连续性，如图 4-1-7（b）所示。在 B 节点，光纤 S1 和 P1 沟通，光纤 S2 和 P2 沟通。C 节点也完成类似功能。其他节点确保光纤 P1 和 P2 上传的业务信号在本节点完成正常的桥接功能，其原理与前述二纤单向复用段倒换环类似。故障排除后，倒换开关返回原来位置。

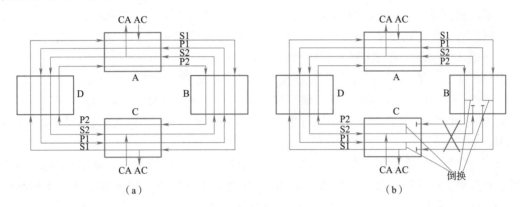

图 4-1-7 四纤双向复用段倒换环

在四纤环中，仅仅节点失效或光缆切断才需要利用环回方式进行保护，而设备或单纤故障可以利用传统的复用段保护倒换方式。

（4）二纤双向复用段倒换环。由图 4-1-8 可见，在光纤 S1 上的高速业务信号的传输方向与光纤 P2 上的保护信号的传输方向完全相同。如果利用时隙交换（TSI）技术，可以使光纤 S1 和光纤 P2 上的信号都置于一根光纤（称为 S1/P2 光纤）。此时，S1/P2 光纤的一半时隙（如时隙 $1 \sim M$）用于传送业务信号，另一半时隙（时隙 $M+1$ 到 N。其中 $M \leqslant N/2$）留给保护信号。同样，S2 光纤和 P1 光纤上的信号也可以利用时隙交换技术置于一根光纤（称为 S2/P1 光纤）上。这样，在给定光纤上的保护信号时隙可用来保护另一根光纤上的反向业务信号。即 S1/P2 光纤上的保护信号时隙可保护 S2/P1 光纤上的业务信号，而 S2/P1 光纤上的保护信号时隙可保护 S1/P2 光纤上的业务信号。于是，四纤环可以简化为二纤环，如图 4-1-8 所示。

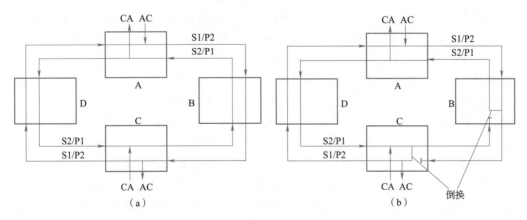

图 4-1-8 二纤双向复用段倒换环

当 BC 节点间光缆被切断时,两根光纤也全被切断,与切断点相邻的 B 节点和 C 节点中的倒换开关将 S1/P2 光纤与 S2/P1 光纤沟通。利用时隙交换技术,可以将 S1/P2 光纤和 S2/P1 光纤上的业务信号时隙移到另一根光纤上的保护信号时隙,从而完成保护倒换作用。例如,S1/P2 光纤的业务信号时隙 1 ~ M 可以转移到 S2/P1 光纤上的保护信号时隙 M + 1 到 N。当故障排除后,倒换开关将返回其原来位置。由于一根光纤同时支持业务信号和保护信号,因而二纤环无法进行传统的复用段倒换保护。

复用段倒换环中,如果实施交叉连接的节点失败,则相邻节点实施环回时,对于需要交叉连接的通道可能发生错连现象,因此节点必须有压制功能,但是降低了保护能力,这是其缺点。

下面就几个主要方面对上述环状结构的性能进行比较。

①网络业务容量。环状网的业务容量指环状网能够携带的最大信号容量。对于二纤单向通道倒换环,由于进入环中的所有支路信号都要经两个方向传向接收分路节点,相当于要通过整个环传输,因而环的业务容量等于所有进入环的业务量的总和,即等于节点处 ADM 的系统容量 STM – N。二纤单向复用段倒换环的结论相同。

四纤双向复用段倒换环中业务量的路由仅仅是环的一部分,因而业务通路可以重新使用。相当于允许更多的支路信号从环中进行分插,因而网络业务容量可以增加很多。在极端情况下,每个节点处的全部系统容量都进行分插,于是整个环的业务容量可达单个节点 ADM 系统容量的 K 倍,即 K × STM – N。

二纤双向复用段倒换环只能利用一半的时隙,因此环的最大业务容量为 K/2 × STM – N。

实际业务容量与业务量分布密切相关,上述结论只适用于相邻业务量分布(即业务量主要分布在相邻节点之间)。对于比较均匀的分布型业务量,则四纤环和二纤环的业务容量仅能增加 3 ~ 3.8 倍和 1.5 ~ 1.9 倍。对于集中型业务量分布,则无任何增加。

②成本/容量。一般来说,由于四纤环所需的 ADM、光纤和再生器数是二纤单向环的两倍,因而在同样速率下,其成本也大约是二纤单向环的两倍。但四纤环可以提供较高的业务容量,因而考虑业务容量因素后,两者的综合成本/容量比较将与网络设计方法、节点数和实际业务量需求模型有关,比较复杂。当业务量需求模型为集中型时,单向环比双向环经济;当业务量需求模型为分布型时,则与节点数有关。当节点数很少时,单向环比双向环经济,但通常双向复用段倒换环更经济。在同样双向环前提下,当业务量不大时,二纤环更经济,否则四纤环更经济。

③多厂家产品兼容性。所有涉及 APS 协议的环状结构目前都不能满足多厂家产品兼容性要求。而二纤通道倒换环只使用现有 SDH 标准已经完全规定好了的信道 AIS 信号,因而很容易满足多厂家产品兼容性要求。

④复杂性。二纤单向通道倒换环无论从控制协议的复杂性,还是操作维护的复杂性上都是最简单的。而且由于不涉及 APS 通信过程,因而业务恢复时间也最短。双向环中则二纤方式又比四纤方式的控制功能要复杂,其 CPU 的逻辑控制步骤大约是四纤方式的 10 倍。

⑤保护级别。复用段保护靠复用段开销,这些开销在线路终端产生和终结,因此保护倒换只能以复用段级别上的故障为基础,无法以端到端连接的积累性能为基础。简言之,复用段倒换是以链路为基础的。而信道倒换的决定在通道级,与复用段系统的速率、格式和特性无关,保护倒换可以在网络支路级别上实现,较经济、灵活。此时,可以支路为基础实施保护,有选择地只保护某些重要通道(支路),而且可以对整个端到端连接(包括线路级和支路级)的积累性能进行监视,决定是否倒换,即保护范围大幅扩展,保护特性与网络拓扑无关。表 4-1-1 给出了几

种自愈环特性的详细比较结果,供读者参考。

表 4-1-1　几种自愈环特性的比较结果

项　　目	二纤单向 通道倒换环	二纤双向 通道倒换环	四纤双向 复用段倒换环	二纤双向 复用段倒换环
节点数	K	K	K	K
额外业务量	无	有	有	有
保护容量(相邻业务量)	1	1	K	$0.5K$
保护容量(分布业务量)	1	1	3 ~ 3.8	1.5 ~ 1.9
保护容量(集中业务量)	1	1	1	1
基本容量单位	VC12/3/4	VC12/3/4	AU-4	AU-4
保护时间/ms	30	50	50	50 ~ 200
初始成本	低	低	高	中
成本(集中业务量)	低	低	高	中
成本(分布业务量)	高	高	中	中
APS	无	有	有	有
抗多点失效能力	无	无	有	无
错连问题	无	无	需压制功能	需压制功能
端到端保护	有	有	无	无
应用场合	接入网 中继网	接入网 中继网 长途网	中继网 长途网	中继网 长途网

随着网络中不同层面环数量的迅速增加,环的互通需求也在迅速增加。环的互通问题,主要是解决终端点分别在不同环的节点之间的环间业务量自动恢复问题。

3. DXC 恢复

在业务量高度集中的长途网中,一个大节点经常有很多条大容量光纤链路进出,其中有携带业务的,也有空闲的,网络节点间构成互联的网孔状拓扑,如图 4-1-9 所示。此时,若在节点处采用 DXC(Digital Exchange Connection,数字交叉连接)4/4 设备,则当某处光缆被切断时,利用 DXC4/4 的快速交叉连接特性可以比较迅速地找到替代路由并恢复业务。长途网的这种高度互联的网孔状拓扑为 DXC 保护恢复提供了较高的成功概率。例如,从 A 到 D 节点原有十二个单位的业务量(如 12 × 140/155 Mbit/s),当其间的光缆切断后,DXC 可能从网络中发现如图 4-1-9 所示的三条替代路由来分担这十二个单位的业务量,从 A 经 E 到 D 为六个单位,从 A 经 B 和 E 到 D 为两个单位,从 A 经 B 到 D 为四个单位。由此可见,网络越复杂,替代路由越多,DXC 恢复的效率越高。

从这一角度看,DXC 节点适当多些有利于网络高效恢复。但是,会增加转接业务的恢复率,也会增加 DXC 设备间转接业务所需的端口容量及附加线路,因而也不宜过多。

总的来看,采用 DXC 保护恢复策略的工作过程大致有以下几个主要步骤:

(1)失效故障识别。首先需要准确地确定哪个数字业务信道(140 Mbit/s 或 VC-4 通道)出了问题。利用信道开销中的信道追踪字节 J1,网络提供者可以提前发现和解决问题。

(2)失效故障输入。将失效数字业务信道的标识符和故障点输入给控制中心。

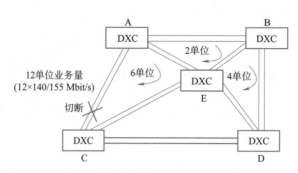

图 4-1-9　采用 DXC 的保护恢复结构

（3）优先权。按照事先确定的输入优先等级决定失效数字业务信道恢复的次序和携带业务的低阶 VC 数目。

（4）路由选择。决定和选择可用于选路由的可用容量。通常 DXC 有三种方式进行路由选择，即手工配置、依靠预先存放的路由表以及依靠通过动态路由计算所得到的路由表。手工配置需要数小时，动态路由计算至少需要几分钟（集中控制），但能选择最佳路由，采用预先存放的路由表最多需要几秒钟至几十秒钟，网络恢复最快，但所选路由未必理想。

（5）选路实施。将路由选择阶段所选择的可用替代通道部分用各种措施进行综合应用。特别是适时适地地结合应用 DXC 保护恢复策略和各种自愈环结构是网络保护恢复设计的关键。

表 4-1-2 所示为自愈环与 DXC 选路方式的比较。

表 4-1-2　自愈环与 DXC 选路的比较

项　　目	自　愈　环	DXC 选路
业务恢复时间	< 50 ms	数秒至数分
备用空间容量	100%	30% ~ 60%
规划复杂性	中等	容易
对付严重网络故障的能力	较弱	较强
成本（简单拓扑）	低	高
成本（复杂拓扑）	高	中等
对网络拓扑的限制	仅限于环	可适用任何拓扑
应用场合	接入网 中继网 长途网	长途网 中继网

●微视频

光纤通信系统设计及光接口

五、掌握光纤通信系统设计与中继距离估算

通信泛指两个用户之间进行信息交流。任何两个用户之间的通信都涉及建立端到端连接，这种实际端到端连接的情况十分复杂。为了便于研究和指标分配，通常找出通信距离最长、结构最复杂、传输质量最差的连接作为传输质量的核算对象。只要这种连接的传输质量能满足，那么其他情况均可满足，因而引入了假设参考连接（HRX）的概念。

1. 假设参考连接和通道

假设参考连接是电信网中一个具有规定结构、长度和性能的假设的连接,它可以作为研究网络性能的模型,从而允许与网络性能指针相比较并导出各个较小实体部分的指针。

一个标准的最长 HRX 由十四段电路串联而成,如图 4-1-10 所示。两个端局(即本地交换局)间共有十二段电路,这是通信两端的两个用户/网络接口参考点 T 之间的全数字以 64 kbit/s 连接,全长 27 500 km。

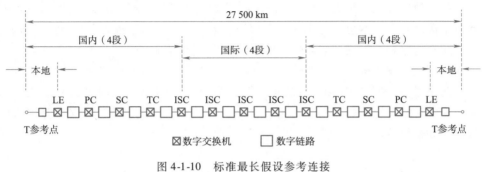

图 4-1-10　标准最长假设参考连接

LE—本地交换机;PC—一级中心;SC—二级中心;

TC—三级中心;ISC—国际交换中心

2. 假设参考数字链路(HRDL)

与交换机或终端设备相连的两个数字配线架(或其等效设备)间的全部装置构成一个数字链路,通常包含一个或多个数字段,可能包含复用和解复用设备,但不含交换机,即对数字序列是透明的,不改变数字序列的值和顺序。

3. 假设参考数字段

两个相邻数字配线架或其等效设备之间用来传送一种规定速率的数字信号的全部装置构成一个数字段。数字段可以分为数字有线段(如光缆系统)和数字无线段(如微波系统)。假设参考数字段(HRDS)就是具有一定长度和指标规范的数字段,HRDS 构成 HRDL 的一部分。其长度应该是实际网络中所遇到的数字段的典型长度,长途通信的 HRDS 为 280 km,美国的 HRDS 为 400 km,中国的 HRDS 为 420 km 和 280 km。HRDS 的模型一般是均匀的,不含复用设备,只含端机和再生器。但随着光电一体化的发展和 SDH 的出现,这种界线已不那么严格。

4. 中继距离设计

由于 ITU-T 对 SDH 的大部分性能参数都给出了参考值,所以在 SDH 系统的设计中兼顾成本与效率考虑,实际需要工程人员设计的是系统的中继距离。如果中继距离太长,则信号到达接收端时衰减或失真严重,以至于无法恢复出信号;如果中继距离太短则会增加中继站的数量,从成本上来说就会增加企业成本,导致效率降低。所以,中继距离的设计成为系统设计的关键。目前,有三种主要的中继距离设计思路。

(1)最坏值设计法。最坏值设计法就是在设计再生段距离时,将所有参数值都按最坏值选取,而不管其具体分布如何。这是光缆数字线路系统设计的基本方法,其好处是可以为网络规划设计者和制造厂家分别提供简单的设计指导和明确的元器件指标。同时,在排除人为和自然界破坏因素后,按最坏值设计的系统能够在系统寿命终了、富余度用完且处于极端温度的情况下仍能 100% 地保证系统性能要求,不存在先期失效问题。缺点是各项最坏值条件同时出现的

概率极小,因而系统正常工作时有相当大的富余度。而且各项光参数的分布相当宽,只选用最坏值设计使结果太保守,再生段距离太短,系统总成本偏高。

(2)联合设计法。在实际网络中,经常会遇到没有合适的供电或建站条件的情况,此时所需的再生段距离可能会超出 G.967 建议所规定的标准再生段距离,为此可以采用联合设计法,即由厂家和用户协商设计出一套新的加强型光界面参数以便适应这类应用场合。

(3)统计设计法。按照目前的工艺水平,光纤参数和光电器件的参数都还不能精确控制,因此实际光参数值的离散性很大,分布范围很宽,若能充分利用其统计分布特性,则有可能更有效地设计再生段距离。基本思路是允许一个预先确定的足够小的系统先期失效概率,从而换取延长再生段距离的好处。但横向兼容性可能无法实现,这是其缺点。

光中继模型包括发送机(TX)、光通道和接收机(RX),如图 4-1-11 所示。发送机与光通道之间定义 S 为参考点,光通道与接收机之间定义 R 为参考点,S 参考点与 R 参考点之间为光通道。L 表示 S 和 R 之间的距离。P_T 为发送光功率,P_R 为接收灵敏度。C_{TX} 和 C_{RX} 分别为发射端和接收端的活动连接器。

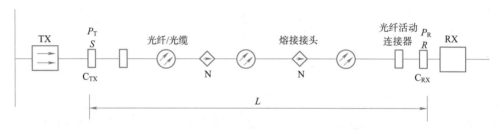

图 4-1-11　光中继模型

5. 由损耗决定的中继距离

对于损耗受限系统,系统设计者首先要根据 S 和 R 之间的所有光功率损耗和光缆富余度来确定总的光通道衰减值,损耗受限系统的实际可达再生段距离 L 可以根据式 4-1-1 求出,即

$$L = \frac{P_T - P_R - 2A_C - P_P}{A_f + \dfrac{A_S}{L_f} + M_C} \tag{4-1-1}$$

式中,P_T 为发送光功率,单位 dBm;P_R 为接收灵敏度,单位 dBm;A_C 为系统配置时可能需要的活动连接损耗,单位 dB;P_P 为光通道功率代价,单位 dB;A_f 为再生段平均光缆衰减系数,单位 dB/km;A_S 为再生段平均接头损耗,单位 dB;L_f 为单盘光缆的盘长,单位 km;M_C 是光缆的富余度,单位 km。

6. 由色散决定的中继距离

对于色散受限系统,系统设计者首先应确定所设计的再生段的总色散(ps/nm),再据此选择合适的系统分类代码及相应的一整套光参数。通常,最经济的设计应该选择这样一类系统分类代码,它的最大色散值大于实际系统设计色散值,同时在满足要求的系统分类代码中具有最小的最大色散值。色散受限距离实用的计算公式为

$$L_d = \frac{D_{SR}}{D_m} \tag{4-1-2}$$

式中,D_{SR} 为选定的标准光接口的 S 和 R 点之间允许的最大色散值;D_m 为允许工作波长范围内的最大光纤色散值,ps/(nm·km)。

如果光参数值是非标准参数。例如,当光源谱宽与规范值相差较多时,色散受限的再生段

距离需要重新计算。

（1）使用多纵模激光器时系统色散受限的最大传输距离为

$$L_d = \frac{10^6 \varepsilon}{D_m B \sigma} \qquad (4\text{-}1\text{-}3)$$

式中，σ 为激光器的均方根（RMS）谱宽，单位 nm；D_m 为光纤的最大色散系数，单位 ps/（nm·km）；B 为系统的码速率，单位 Mbit/s；ε 为相对展宽因子，表示码元脉冲经过通道传输后脉冲的相对展宽值。

（2）使用单纵模激光器系统色散受限系统的最大传输距离为

$$L_d = \frac{71\,400}{\alpha D_m \lambda^2 B} \qquad (4\text{-}1\text{-}4)$$

式中，α 为啁啾系数；λ 为单纵模激光器的中心波长，单位 nm；D_m 为光纤的最大色散系数，单位 ps（nm·km）；B 为系统的码速率，Tbit/s。

六、测试 SDH 光接口

（一）光接口类型

在原理上，SDH 信号既可以用电方式传输，又可以用光方式传输。然而，采用电方式来传输高速 SDH 信号有很大的局限性，一般仅限于短距离和较低速率的传输，而采用光纤做传输手段可以适应从低速到高速，从短距离到长距离等十分广泛的应用场合。为了简化横向兼容系统的开发，可以将众多的应用场合按传输距离和所用技术归纳为三种最基本的应用场合，即长距离局间通信、短距离局间通信和局内通信。这样，只需要对这三种应用场合规范三套光界面参数即可。

为了便于应用，将上述三种采用光纤的应用场合分别用不同代码来表示。第一个字母表示应用场合：用字母 I 表示局内通信，S 表示短距离局间通信，L 表示长距离局间通信。字母后面的第一位数字表示 STM 的等级，如数字 4 就表示 STM-4 等级；第二位数字表示工作窗口和所用光纤类型：空白或 1 表示标称工作波长为 1 310 nm，所用光纤为 G.652 光纤；2 表示标称工作波长为 1 550 nm，所用光纤为 G.652 光纤和 G.654 光纤；3 表示标称工作波长为 1 550 nm，所用光纤为 G.653 光纤。上述表示方法参见表 4-1-3。下面分别就上述几种不同的应用场合做简要介绍。

表 4-1-3　光接口分类

应　用		局内通信	局间通信				
			短　距　离		长　距　离		
光源标称波长/nm		1 310	1 310	1 550	1 310	1 550	
光纤类型		G.652	G.652	G.652	G.652	G.652 G.654	G.653
传输距离/km		≤2	~15		~40	~80	
SMT 等级	SMT-1	I-1	S-1.1	S-1.2	L-1.1	L-1.2	L-1.3
	SMT-4	I-4	S-4.1	S-4.2	L-1.1	L-4.2	L-4.3
	SMT-16	I-16	S-16.1	S-16.2	L-16.1	L-16.2	L-16.3

1. 长距离局间通信

长距离局间通信一般指局间再生段距离为 40 km 以上的场合，即长途通信。所用光源可以

为高功率多纵模激光器(MLM),也可以是单纵模激光器(SLM),取决于工作波长、速率、所用光纤类型等因素。

2. 短距离局间通信

短距离局间通信一般指局间再生段距离为 15 km 左右的场合,主要适用于市内局间通信和用户接入网环境。由于传输距离较近,从经济角度出发,建议两个窗口都只用 G.652 光纤。所用光源可以是 MLM,也可以是低功率 SLM。

3. 局内通信

局内通信一般传输距离为几百米,最多不超过 2 km。传统的局内设备之间的互联由电缆担任。电缆的传输衰减随频率的升高而迅速增加,因此随着传输速率的增加,传输距离越来越短,已不能适应使用要求。光纤的传输衰减基本与频率无关,而且衰减值很低,可以大幅延伸传输距离。此外,采用光纤做局内通信还可以基本免除电磁干扰,避免电位差所造成的问题。由于传输距离不超过 2 km,系统只需工作在 1 310 nm 窗口,并采用 G.652 光纤即可。所用光源要求不高,低功率 MLM 或发光二极管(LED)均可适用。

注意:表 4-1-3 中的距离只是目标性距离,用于分类目的,并非实际能达到的指标距离。实际工程距离必须按照有关公式计算。

(二)光接口参数

1. 光线路码型

在传统的准同步光缆数字线路系统中,由于光接口是专用的,因而根据不同的使用要求和总体设计衍生出大量的线路码型。最常用的有 mBnB 分组码、插入比特码和简单扰码三大类。

在同步光缆数字线路系统中,其帧结构中已安排有丰富的段开销可用于运行、维护和管理功能。为了达成世界性标准,ITU-T 最终采用了简单扰码方式。这种码型最简单,线路速率不增加,没有光功率代价,无须编码,只要一个扰码器即可。

对于系统究竟要使用哪种码,分析结果表明,归零码(RZ)的接收灵敏度可以比非归零码(NRZ)高 1 dB 左右,而且均衡器判决器调整容易,色散影响可以减轻,色散受限传输距离可以延长。但是,从整个系统光功率利用率来看,NRZ 仍比 RZ 要优 1~2 dB,这一点在高速率系统应用时是很重要的。据此,目前 ITU-T 正式推荐的统一码型是扰码 NRZ。至于联合设计的加强型光接口,无须标准化,有些厂家出于色散考虑也有采用 RZ 码的。

2. 系统工作波长范围

为了在实现横向兼容系统时具有最大灵活性,也为了将来使用波分复用时提供最大的可用波长数,同步光缆数字线路系统希望有尽可能宽的系统工作范围,但这将受到一系列因素的限制,下面分别进行讨论。

(1)模式噪声所限定的工作波长下限值。当光纤中有多个模式共存(特定条件下单模光纤也会发生)并形成随机起伏的时变干涉波时,这种时变干涉波在不完善的接头处会造成对传输信号的寄生调幅,形成模式噪声。由于这是一种乘性噪声,一旦产生就无法去掉,因此必须杜绝。

经过多年努力,ITU-T 达成了防范模式噪声的基本原则:保证系统中最短的无连接光缆长度上的有效截止波长不超过系统工作波长的下限,以便确保光纤中的单模传输条件。具体来说,要求基本光缆段内的最短无连接光缆段的长度(如维修光缆)应不短于 22 m,而 G.652 光纤和 G.653 光纤的光缆截止波长上限不大于 1 260 nm 或 1 270 nm,将来的趋势可能为 1 260 nm。

（2）光纤衰减所限定的工作波长范围。光纤内部衰减随着波长的增加而下降。但是,1 385 nm
和 1 245 nm 处的氢氧根吸收峰,以及长波长 1 600 nm 以上处的弯曲损耗和红外吸收损耗改变了
上述单调下降的光纤谱衰减系数曲线的形状。

根据敷设光缆的衰减系数,考虑现场光纤接头的损耗和光缆温度系数余度(−50～60 ℃),
并假设 1 385 nm 的氢氧根吸收峰为 3 dB/km 后,所算得的最小允许波长范围见表 4-1-4。

表 4-1-4　光缆衰减限定的波长范围

最大衰减系数/(dB/km)	光 纤 种 类	最小波长范围/nm
0.65	G.652	1 260～1 360
	G.652、G.653	1 430～1 580
0.40	G.652	1 270～1 340
0.25	G.652、G.653、G.654	1 480～580

（3）光纤色散限定的工作波长范围。根据光通道所允许的最大色散值和所要求的传输距
离目标值可以求出光纤的色散系数值,而光纤的色散是波长的函数,由此可以进一步确定光纤
色散所限定的波长范围。

由上述模式噪声、光缆衰减和色散所分别限定的工作波长区的公有部分(即最窄范围),即
为特定应用场合和传输速率下的系统工作波长范围。

（三）发送光口

（1）光谱特性。光谱特性是光源的重要参数,但其定义却尚未统一。ITU-T 建议 G.957 中
只规范以下三种参数:

①最大均方根宽度。为了度量光脉冲能量的集中程度,通常采用均方根宽度(σ)。对于
像多纵模激光器和发光二极管这样光能量比较分散的光源采用 σ 来表征其光谱宽度是合
适的。

②最大 −20 dB 宽度。单纵模激光器的光谱特性如图 4-1-12 所示,主要能量集中在主模
中,因此其光谱宽度是按主模中心波长的最大峰值功率跌落 −25 dB 时的最大全宽来定义的。

③最小边模抑制比(SMSR)。单纵模激光器在动态调制时也会出现多个纵模。只是边模
的功率比主模功率小很多而已。因此,为了控制 SLM 的模分配噪声,必须保证 SLM 有足够大的
边模抑制比。SMSR 定义为最坏反射条件时,全调制条件下主纵模(M_1)的平均光功率与最显著
的边模(M_2)的光功率之比的最小值。ITU-T 建议 G.957 规定 SLM 的最小边模抑制比为 30 dB,
即主模功率至少要比边模大 1 000 倍以上。

（2）平均发送功率。光发送机的输出功率被定义为当发送机送伪随机序列信号时在参考
点所测得的平均光功率。通常,光发送机发送功率需要有 1～1.5 dB 的富余度。光源的平均发
送功率范围为 5 dB。

（3）消光比。光源的消光比 EX 定义为最坏反射条件时,全调制条件下传号平均光功率与
空号平均光功率比值的最小值。用公式表示为

$$EX = 10\lg\frac{A}{B} \tag{4-1-5}$$

式中,A 为传号时平均光功率;B 为空号时平均光功率。

通常希望消光比大一些,有利于减少功率代价,但也不是越大越好。G.957 规定长距离传
输时,消光比为 8.2 dB 或 10 dB。

（4）模板。在高速率光纤系统中，发送光脉冲的形状不容易控制，经常可能有上升沿、下降沿、过冲、下冲和振铃现象。这些都可能导致接收机灵敏度的劣化，因此必须加以限制。为此，G.957 建议给出了一个规范的发送眼图的范本，如图 4-1-13 所示。要求不同 STM 等级的系统在图 4-1-14 所示的 S 点应满足相应的不同模板形状的要求，模板参数列于表 4-1-5 和表 4-1-6 中。

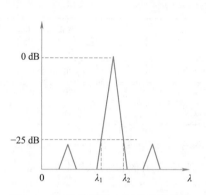

图 4-1-12　单纵模激光器的光谱特性

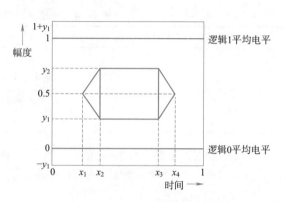

图 4-1-13　光发送信号的眼图模板

表 4-1-5　STM-1 和 STM4 的参数

参　　数	SMT-1	SMT-4
x_1/x_4	0.15/0.85	0.25/0.75
x_2/x_3	0.35/0.65	0.40/0.60
y_1/y_2	0.20/0.80	0.20/0.80

表 4-1-6　STM-16 的参数

参　　数	SMT-16
$x_3 - x_2$	0.2
y_1/y_2	0.25/0.75

（四）接收光口

1. 接收机灵敏度

接收机的灵敏度定义为图 4-1-14 所示的 R 点处为达到 1×10^{-10} 的 BER 值所需要的平均接收功率的最小可接受值。一般从刚开始使用的、正常温度下的接收机相比寿命终了时，并处于最恶劣温度条件下的接收机灵敏度余度大 2~3 dB。实际系统使用时，PIN-FET（PIN 场效应晶体管）成本低，传输速率不太高时性能不错，因此广泛应用于 622 Mbit/s 以下传输速率的系统中。锗 APD（锗雪崩光电二极管）在高传输速率（622 Mbit/s 或更高）下能提供更好的接收灵敏度，因此在高传输速率应用时获得广泛应用，但其灵敏度对温度很敏感。最有前途的高传输速率检测器件是 InGaAsAPD。其接收灵敏度比 PIN-FET 改善 5~10 dB，比锗 APD 改善约 3 dB。

2. 接收机超载功率

接收机超载功率定义为接收点处达到 1×10^{-10} 的 BER 值所需要的平均接收光功率的最大可接收值。对于 10 Gbit/s 系统及带光放大器的系统，则基准 BER 值为 1×10^{-12}。首先，当接收光功率高于接收灵敏度时，由于信噪比的改善使误比特率变小。当继续增加接收光功率时，接收机前端放大器进入非线性工作区,继而发生饱和或超载使信号脉冲波形产生畸变,导致码间干扰迅速增加和误比特率开始劣化。当误比特率再次达到 1×10^{-10} 时的接收光功率即为接收机超载功率。当接收功率处于接收灵敏度与接收超载功率之间时,接收机误比特率优于 1×10^{-10}。

设计系统时,为了适应较宽的应用范围,希望动态范围大些。为此,接收机前端放大器通常选用跨阻放大器。若结合其他负反馈措施,可以进一步改善超载能力。此外,由于 APD 接收机可以将偏压控制也纳入自动增益控制环中,因此,其动态范围可以比 PIN-FET 接收机增加 5 ~ 10 dB。典型 PIN-FET 和 APD 接收机的动态范围分别为 20 ~ 30 dB 和 30 ~ 40 dB,要求过高将带来灵敏度损失和成本上升,所以需要综合考虑。

光接口示意图如图 4-1-14 所示,其中 S 点是紧靠着发送机(TX)的活动连接器(CTX)后的参考点,R 点是紧靠着接收机(RX)的活动连接器(CRX)前的参考点;光接口主要指 S 点和 R 点的物理接口,它们分别是发送机与光纤(光缆)线路,以及接收机与光纤(光缆)线路之间的互联点。

图 4-1-14　光接口示意图

3. 接收机反射系数

接收机反射系数定义为 R 点处的反射光功率与入射光功率之比。为了减轻多次反射的影响,应该对 S 点处的最大允许反射系数进行限制。如果采用高性能活动连接器,可以使多次反射幅度大大减弱,使接收机能容忍较大的反射系数。一个极端的例子是系统仅有两个活动连接器的情况,此时接收机可以容忍高达 14 dB 的反射系数。

任务二　了解 DWDM 技术

任务描述

在信息时代,以因特网技术为主导的数据通信业务,使人们对于带宽和服务的需求越来越多。面对市场需求的急剧扩张,如何提高通信系统的性能,增加系统带宽,以满足不断增长的业务需求成为人们关心的焦点。在众多可选择的方案中,WDM(波分复用)系统的出现为进一步挖掘和利用光纤的带宽开辟了一块全新的天地。本任务主要介绍光波分复用的概念、系统结构和主要技术。

任务目标

- 识记:光波分复用的相关概念。
- 领会:DWDM 的主要技术。

● 应用：DWDM 的系统结构。

🔍 **任务实施**

一、了解光波分复用的概念

　　光波分复用技术就是在一根光纤中同时传输多个波长光信号的技术。其基本原理就是在发送端采用波分复用器（合波器），将不同规定波长的信号光载波合并起来送入一根光纤进行传输。在接收端，再由波分复用器（分波器）将这些不同波长承载不同信号的光载波分开。由于不同波长的光载波信号可以看作互相独立（不考虑光纤非线性时），从而在一根光纤中可实现多路光信号的复用传输。双向传输的问题也很容易解决，只需将两个方向的信号分别安排在不同波长传输即可。根据波分复用器的不同，可以复用的波长数也不同，从两个至几十个不等，这取决于所允许的光载波波长的间隔大小。

　　WDM 与 SDH 的共同点在于它们都是建立在光纤这一物理介质上。但 WDM 又不同于 SDH，WDM 是更趋近于物理层的系统，在光域上进行复用，实施点到点的应用；而 SDH 则是电路层实施的“光同步传送网”技术。目前，在 WDM 系统中，基于只考虑点到点的线性系统，WDM 可分为开放式 WDM 系统和集成式 WDM 系统。开放式 WDM 系统就是在波分复用器前加入 OTU（波长转换器），将 SDH 非规范的波长转换为标准波长。开放是指在同一 WDM 系统中，可以接入多家的 SDH 系统。开放式 WDM 系统适用于多厂家环境，以彻底实现 SDH 与 WDM 分开；集成式 WDM 系统就是 SDH 终端设备具有满足 G. 692 的光接口，即把标准的光波长和长受限色散距离的光源集成在 SDH 系统中，在新建干线和 SDH 制式较少的地区，可以选择集成式 WDM 系统。但现在 WDM 系统采用开放系统的越来越多。

　　WDM 系统的基本构成主要有以下两种形式：

　　(一) 单纤双向传输

　　双向 WDM 是指光通路在一根光纤上同时向两个不同的方向传输。如图 4-2-1 所示，所用波长相互分开，以实现双向全双工通信。在双向 WDM 系统设计和应用时必须考虑几个关键的系统因素，例如，为了抑制多通道干扰，必须注意光反射的影响、双向通路之间的隔离、光监控通道（OSC）传输和自动功率关断等问题，同时要使用双向光纤放大器。所以，双向 WDM 系统的开发和应用相对来说要求较高，但与单向 WDM 系统相比减少了光纤和线路放大器的数量。

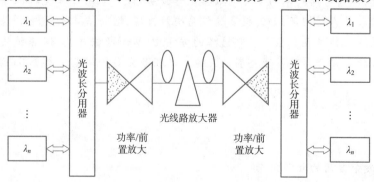

图 4-2-1　单纤双向 WDM 传输

（二）双纤单向传输

单向 WDM 是指所有光通路同时在一根光纤上沿同一方向传送。如图 4-2-2 所示,在发送端将不同波长的已调光信号 TX_1, TX_2, …, TX_n 通过光复用器组合在一起,并在一根光纤中单向传输。在接收端通过光解复用器将不同波长的信号(RX:接收信号)分开,完成多路光信号传输的任务。反方向通过另一根光纤传输的原理相同。

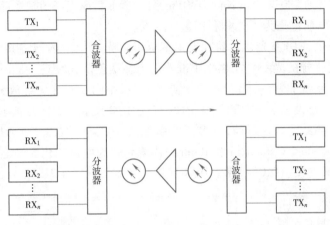

图 4-2-2　双纤单向 WDM 传输

二、了解密集波分复用的概念

随着 1 550 nm 窗口 EDFA 的商用化,人们不再利用 1 310 nm 窗口,而只在 1 550 nm 窗口附近传送多路光载波信号。由于这些 WDM 系统的相邻波长间隔比较窄,且工作在一个窗口内共享 EDFA 光放大器,为了区别于传统的 WDM 系统,人们把这种波长间隔更紧密的 WDM 系统称为密集波分复用(DWDM)系统。一般人们把光载波的波长间隔小于 8 nm 时的波分复用技术称为密集波分复用技术。此项技术大幅增加了复用通道数目,提高了光纤带宽利用率。

三、了解粗波分复用的概念

粗波分复用(CWDM)系统,即利用光复用器将在不同光纤中传输的波长结合到一根光纤中传输来实现。CWDM 的通道间隔为 20 nm,而 DWDM 的通道间隔很窄,一般有 0.2 nm、0.4 nm、0.8 nm、1.6 nm 几种,所以相对于 DWDM,CWDM 称为粗波分复用技术。CWDM 目前的工作波段为 1 470～1 610 nm,因为通道间隔为 20 nm,所以最大只能复用 8 波,将来这些系统有望在 1 290～1 610 nm 的频谱内扩展到 16 个复用波长。OFS 公司的零水峰全波光纤(All Wave),由于消除了 1 400 nm 附近的巨大的氢氧根损耗,全波光纤的可用波长范围比其他的 G.652 光纤多了大约 100 nm。CWDM 主要运用在城域网范围内,可支持大约 80 km 的传输距离,误码率优于 1×10^{-12},支持多种业务的接入,包括 SONET/SDH(同步光纤网/同步数字系列)、ATM、GE(吉比特以太网)等业务。CWDM 能够利用大量的旧光缆(G.652 光缆),节省初期投资成本并解决了光纤的资源问题。

四、掌握 DWDM 的系统结构

在发送端把不同波长的光信号复用到一根光纤中进行传送(每个波长承载

微视频●

DWDM系统
架构

一个 TDM 电信号），在接收端采用解复用器将各信号光载波分开的方式统称为波分复用。人们习惯上把在光的频域上不同的信号频率称为不同的波长。

光纤有两个低衰减窗口，即 1 310 nm 和 1 550 nm，波长为 1 310 nm 窗口的衰减在 0.3~0.4 dB/km，相应的带宽为 17 700 GHz；1 550 nm 窗口的衰减在 0.19~0.25 dB/km，相应的带宽为 12 500 GHz。两个窗口合在一起，总带宽可达 30 THz。即使按照波长间隔为 0.8 nm（100 GHz）计算，理论上也可以开通 200 多个波长的 DWDM 系统，因而目前光纤的带宽远远没有得到充分利用。DWDM 技术的出现正是为了充分利用这一带宽。

在 DWDM 系统中，EDFA 光放大器和普通的光/电/光再生中继器将共同存在，EDFA 用来补偿光纤的损耗，而常规的光/电/光再生中继器用来补偿色散、噪声积累带来的信号失真。

最初的 DWDM 系统非常简单，只是点对点的系统，中间没有光中继放大设备，后来不断改进发展，增加了光中继设备，一直到今天的既有光中继设备，又有光波长的上下复用设备（OADM），且具备了环路功能。目前，许多开发商都在开发新一代基于 DWDM 的全光网系统，将现在的 3R（Regenerater、Restoration 和 Retime）由光转化为电再转化为光上下复用（OADM）技术发展到全光的交叉连接（OXC）技术。DWDM 系统的结构如图 4-2-3 所示。

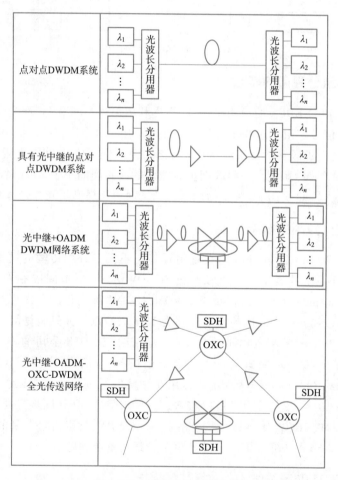

图 4-2-3　DWDM 系统的结构

现在商用的 DWDM 系统结构有两种，是为了满足当前不同的 SDH 系统接口，将其设计为开放式的 DWDM 系统和集成式的 DWDM 系统结构。

集成式系统由合波器、分波器、光纤放大器组成。它要求 SDH 终端设备具有满足 G. 692 的光界面:标准的光波长、满足长距离传输的光源。这两项指标都是当前 SDH 系统不要求的,即把标准的光波长和受限色散距离的光源集成在 SDH 系统中。在接纳过去的老 SDH 系统时,还必须引入波长转换器(OTU),而且要求 SDH 与 DWDM 为同一个厂商,这在网络管理中很难将 SDH 和 DWDM 两者彻底分开。集成式 DWDM 系统如图 4-2-4 所示。图中 S 为发送信号,R 为接收信号。

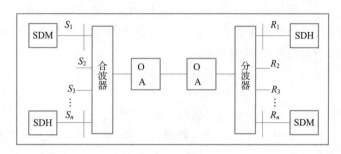

图 4-2-4　集成式 DWDM 系统

开放式系统由 OTU、合波器、分波器组成。在合波器前加入 OTU,将 SDH 非规范的波长转换为标准波长。开放是指在 DWDM 系统中,可以接入多家的 SDH 系统。OTU 对输入端的信号没有要求,可以兼容任意厂家的 SDH 信号。OTU 输出端满足 G. 692 的光界面:标准的光波长、满足长距离传输的光源。具有 OTU 的 DWDM 系统,不再要求 SDH 系统具有 G. 692 接口,可继续使用符合 G. 957 接口的 SDH 设备,可以接纳过去的 SDH 系统,实现不同厂家 SDH 系统工作在一个 DWDM 系统内,但 OTU 的引入可能对系统性能带来一定的负面影响;开放的 DWDM 系统适用于多厂家环境,彻底实现 SDH 与 DWDM 分开。开放式 DWDM 系统如图 4-2-5 所示。

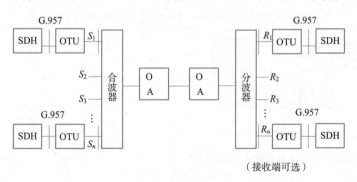

图 4-2-5　开放式 DWDM 系统

波长转换器的主要作用在于把非标准的波长转换为 ITU-T 所规范的标准波长,以满足系统的波长兼容性。

DWDM 技术把复用方式从电域转移到光域,将光纤的带宽资源充分利用起来,解决了电时分复用的受电器件集成度的影响,真正实现了向全光网过渡的基础,无论 2.5 Gbit/s 的 DWDM 还是 10 Gbit/s 的 DWDM 系统均能实现超大容量的光纤传输,并且以其特有的透明传输各种不同速率、不同制式的光信号。DWDM 在未来承载各种不同业务的信号方面,具有得天独厚的优势,是未来传输网的基础平台。

五、掌握 DWDM 的主要技术

（一）光源及其技术概述

微视频

DWDM主要技术

在 WDM 系统中，是使用光波长转换来实现对光信号的转化，如图 4-2-6 所示。光波长转换单元的主要功能就是进行波长转换，采用光—电—光变换的方法实现波长转换，首先利用光电探测器将从 SDH 光端机过来的光信号转换成电信号，经过限幅放大、时钟提取/数据再生后，再将电信号调制到激光器或外调制器上，将光通路信号的非标称波长转换成符合 ITU-T 建议 G.692 规定的标称光波长，然后接入 DWDM 系统。

下面分别介绍光源类型和光源的调制技术。

1. 光源类型

目前广泛使用的半导体光源包括激光器（LD）和发光二极管（LED）。

LD 是相干光源、入纤功率大、谱线宽窄、调制速率高，适用于长距高速系统；LED 是非相干光源、入纤功率小、谱线宽宽、调制速率低，适用于短距低速系统。DWDM 系统的光源采用半导体激光器。

2. DWDM 系统激光器调制方式

目前，光源强度调制的方法主要有两类：直接调制和间接调制（即外调制）。

（1）直接调制。直接调制是用电脉冲码流去直接控制半导体激光器的工作电流，从而使其发出与电信号脉冲相应的光脉冲流，如图 4-2-7 所示。例如，当电脉冲信号为"1"时，激光器的工作电流大于其阈值电流，所以它会发出一个光脉冲；而当电脉冲信号为"0"时，激光器的工作电流因低于其阈值电流而不发光。直接调制方式简单、损耗小、成本低。但是，激光器工作电流的超高速变化容易导致调制啁啾。啁啾现象的产生将限制系统的传输速率和距离。直接调制方式通常运用于 G.652 光纤、传输距离小于 100 km、传输速率小于 2.5 Gbit/s 的传输系统。

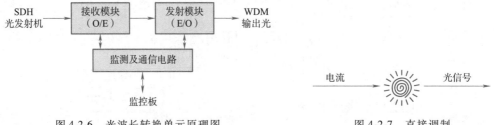

图 4-2-6　光波长转换单元原理图　　　　　图 4-2-7　直接调制

（2）间接调制（外调制）。外调制方式是指，让激光器处于连续发光状态，用电脉冲信号间接地控制（调制）激光器发出的连续光，最后获得光脉冲流，如图 4-2-8 所示。因此在外调制时，激光器会产生稳定的大功率激光，而外调制器则以低啁啾对其进行调制，从而获得远大于直接调制的最大色散值。间接调制适用于速率大于 2.5 Gbit/s 的长距传输系统。目前，常用的外调制器包括电吸收型调制器（EA）和波导型铌酸锂马赫-曾德尔（M-Z）调制器。

3. DWDM 系统光源的特点

（1）提供标准、稳定的波长。DWDM 系统对每个复用通路的工作波长有非常严格的要求，波长漂移将导致系统无法实现稳定、可靠的工作。常用的波长稳定措施包括温度反馈控制法和波长反馈控制法。

（2）提供比较大的色散容限值。光纤传输可能会受到系统损耗和色散的限制,随着传输速率的提高,色散的影响越来越大。其中,色散受限可选用色散系数较低的光纤光缆或谱宽狭窄半导体激光器的办法来解决。由于光缆已经铺设完毕,所以努力减小光源器件的谱宽是解决色散受限的有效手段。

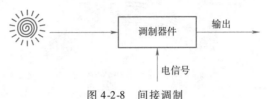

图 4-2-8　间接调制

(二)光波分复用/解复用技术

光波分复用器与解复用器属于光波分复用器件,又称合波器与分波器,实际上是一种光学滤波器件。

在发送端,合波器(OM)的作用是把具有标称波长的各复用通路光信号合成为一束光波,然后输入到光纤中进行传输,即对光波起复用作用。

在接收端,分波器(OD)的作用是把来自光纤的光波分解成具有原标称波长的各复用光通路信号,然后分别输入到相应的光通路接收机中,即对光波起解复用作用。

由于光合波器、分波器性能的优劣对系统的传输质量有决定性的影响,因此,要求合波器、分波器的衰耗、偏差、信道间的串扰必须小。

以下将简要介绍四种常见的波分复用器,以及不同波长数量的 DWDM 系统常用的复用器类型。

1. 光栅型波分复用器

光栅型波分复用器属于角色散型器件。利用不同波长的光信号在光栅上反射角度不同的特性,分离、合并不同波长的光信号原理如图 4-2-9 所示。光栅型波分复用器具有优良的波长选择性,波长间隔可缩小到 0.5 nm 左右。但是,由于光栅在制造上要求非常精密,大批量生产工艺要求很高。

2. 介质薄膜型波分复用器

介质薄膜型波分复用器由薄膜滤波器(TFF)构成。其原理如图 4-2-10 所示。

TFF 由几十层不同材料、不同折射率和不同厚度的介质膜组合而成。一层为高折射率,一层为低折射率,从而对一定的波长范围呈通带,而对另外的波长范围呈阻带,形成所要求的滤波特性。介质薄膜型波分复用器是一种结构稳定的小型化无源光器件,信号通带平坦,插入损耗低,通路间隔度好。

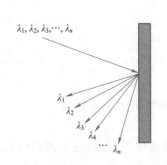

图 4-2-9　光栅型波分复用器原理图

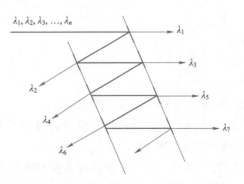

图 4-2-10　介质薄膜型波分复用器原理图

3. 阵列波导波分复用器（AWG）

阵列波导波分复用器是以光集成技术为基础的平面波导型器件，AWG 结构紧凑，插损小，是光传送网络中实现合分波的优选方案。其原理如图 4-2-11 所示。

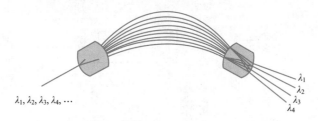

图 4-2-11　阵列波导型复用器原理图

4. 耦合型波分复用器

耦合型波分复用器是将两根或者多根光纤靠贴在一起适度熔融而成的一种表面交互式器件，一般用于合波器。耦合器型波分复用器只能实现合波功能，制造成本低，但是引入损耗较大。其原理如图 4-2-12 所示。

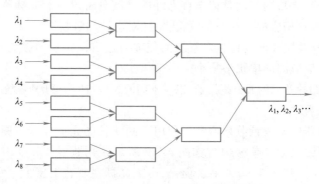

图 4-2-12　耦合型合波器原理图

5. DWDM 系统的复用/解复用器件

DWDM 系统与光波分复用器件的对应关系见表 4-2-1。

表 4-2-1　DWDM 系统与光波分复用器件的对应关系

光波分复用器类型	合　波　器			分　波　器		
	32 波以下	40 波	80 波以上	32 波以下	40 波	80 波以上
耦合型	√	—	—	—	—	—
阵列波导型	√	√	—	√	√	—
介质薄膜型	√	√	—	√	√	—
光栅型	—	—	√	—	—	√

复用/解复用器件的主要性能指标：

（1）复用通路数。代表波分复用器件进行复用与解复用的光通路数量，与器件的分辨率、隔离度等参数密切相关。

（2）插入损耗。波分复用器件本身对光信号的衰减作用，直接影响系统的传输距离。不同类型的波分复用器件插损值不同，插损值越小越好。

（3）隔离度。表征光元器件中各复用光通路彼此之间的隔离程度。通路的隔离度越高，波分复用器件的选频特性就越好，串扰抑制比也越大，各复用光通路之间的相互干扰影响也越小。该参数仅对波长敏感型器件（薄膜滤波器型和 AWG 型器件）有意义。对耦合型器件，参数无意义。

（4）反射系数。在波分复用器件的输入端，反射光功率与入射光功率之比为反射系数。反射系数值越小越好。

（5）偏振相关损耗（PDL）。偏振相关损耗是指由光波的偏振态变化引起的插入损耗最大变化值。

光是频率极高的电磁波，所以存在波的振动方向问题（偏振）。输入到波分复用器件中的各复用通路光信号，其偏振态不可能完全一致，而同一波分复用器件对不同偏振态的光波，其衰减作用也略有不同。PDL 值越小越好。

（6）温度系数。温度系数是指由于环境温度变化引起的复用通路中心工作频率的偏移。波分复用器件的温度系数越小越好。系数越小，说明各复用通路的中心工作频率越稳定。

（7）带宽。波长敏感型器件（薄膜滤波器型和 AWG 型器件）参数之一，对于耦合型波分复用器无意义。带宽包括通道宽度 − 0.5 dB 和通道宽度 − 20 dB 两种。

① 通道宽度 − 0.5 dB。描述分波器的带通特性，表示分波器插入损耗下降 0.5 dB 时，对应的工作波长的变化值。良好的带通特性曲线应该平坦、宽阔，带宽值越大越好。

② 通道宽度 − 20 dB。描述分波器的阻带特性，表示分波器插入损耗下降 20 dB 时，对应的工作波长的变化值。阻带特性曲线应该陡峭，带宽值越小越好。

（三）光放大技术

光放大器技术具有对光信号进行实时、在线、宽带、高增益、低噪声、低功耗以及波长、速率和调制方式透明的直接放大功能，是新一代 DWDM 系统中不可缺少的关键技术。该技术既解决了衰减对光网络传输距离的限制，又开创了 1 550 nm 波段的波分复用，从而将使超高速、超大容量、超长距离的 WDM、DWDM、全光传输、光孤子传输等成为现实，是光纤通信发展史上的一个划时代的里程碑。

关于光放大器的分类和光放大器的相关指标在项目三任务二光有源器件中已经介绍，这里不再赘述。

任务三　学习 PTN 技术

任务描述

PTN 指这样一种光传送网络架构和具体技术：在 IP 业务和底层光传输媒质之间设置了一个层面，它针对分组业务流量的突发性和统计复用传送的要求而设计，以分组业务为核心并支持提供多业务，具有更低的总体使用成本（TCO），同时秉承光传输的传统优势，包括高可用性和可靠性、高效的带宽管理机制和流量工程、便捷的 OAM 和网管、可扩展、较高的安全性等。本任务主要介绍 PTN 的概念、网络结构和 PTN 中的关键技术。

任务目标

- 识记：PTN 的概念及技术特点。
- 领会：PTN 关键技术。
- 应用：PTN 的网络结构。

任务实施

一、了解 PTN 的概念、背景和特点

（一）PTN 的概念

微视频

PTN概述

PTN（Packet Transport Network，分组传送网）是一种以分组作为传送单位，承载电信级以太网业务为主，兼容 TDM、ATM 和 FC 等业务的综合传送技术。

PTN 技术基于分组的架构，继承了 MSTP 的理念，融合了 Ethernet 和 MPLS 的优点，成为下一代分组承载的技术选择，在网络层次中，属于承载网中的一种光传输技术，它主要用于将接入网的客户侧信号（包括 TDM/ATM/Ethernet），通过接入然后再汇聚的方式，将客户侧信号送往核心网进行交换。简单来说，就是起到了运输客户侧信号的作用。所以，它是一种能够支持多业务传送的一种光传输技术。

（二）PTN 的发展背景

承载网技术的发展是受外部需求的发展而不断演进的，客户侧信号从最初以语音信号为主，传输技术采用的 PDH/SDH 再到 MSTP（基于 SDH 的多业务传送平台），到如今全网 IP 化的趋势，需要有一种新的技术代替传统的传输技术。

伴随着移动通信技术的发展和新需求，承载网技术也在不断发展演进：无线网络的技术演进从侧重语音向侧重数据转变，数据业务追求宽带化的特征明显。另外所谓的 ALL IP 现象，即传统业务向 IP 转型，新型业务天然具有 IP 血统，对承载网提出了新的需求：统一网络协议，简化网络层次，降低 TCO（Total Cost of Operation，运作总成本）；便于提供各种类型的新业务，在实现综合业务运营的客观需求推动下，全业务逐渐向 IP 化转变。

在网络向全 IP 化演进的大背景下，终端已经是以 IP 为基础实现各种各样的业务接入，企业用户已经全面使用路由器、交换机、网关、服务器和防火墙，各种网络的业务控制也逐渐 IP 化转度，传输网为了实现对上层业务的高效承载，从 MSTP（Multi-Service Transport Platform，多业务传送平台）演进到 PTN 是大势所趋。

在电信业务 IP 化趋势推动下，传送网承载的业务从以 TDM 为主向以 IP 为主转变，这些业务不但有固网数据，还包括 3G/4G/5G 业务。而目前的传送网现状是 SDH/MSTP、以太网交换机、路由器等多个网络分别承载不同业务、各自维护的局面，难以满足多业务统一承载和降低运营成本的发展需求，不能够很好地解决以下几个问题：

（1）接口兼容性：以太网接口为主，兼容 TDM/ATM 业务。

（2）业务分组化：基于分组的交换和传送，具备统计功能。

（3）QoS 机制：业务感知、端到端区分服务。

（4）同步：电信级的时钟/时间同步方案。

（5）网络可用性：电信级的 OAM 和保护。

（6）利润最大化：降低 CAPEX/OPEX。

综上所述，必须要有一种新的技术来解决这些问题，因此，传送网需要采用灵活、高效和低成本的分组传送平台来实现全业务统一承载和网络融合，分组传送网技术（PTN）应运而生。

（三）PTN 的技术特点

PTN 网络是 IP/MPLS、以太网和传送网三种技术相结合的产物，具有面向连接的传送特征，适用于承载电信运营商的无线回传网络、以太网专线、L2 VPN（二层虚拟专用网）以及 IPTV（Internet Protocol Television，交互式网络电视）等高品质的多媒体数据业务。

PTN 网络具有以下特点：

1. 多业务统一承载

（1）TDM to PWE3：支持透传模式和净荷提取模式。在透传模式下，不感知 TDM 业务结构，将 TDM 业务视作速率恒定的比特流，以字节为单位进行 TDM 业务的透传；对于净荷提取模式感知 TDM 业务的帧结构/定帧方式/时隙信息等，将 TDM 净荷取出后再顺序装入分组报文净荷传送。

（2）ATM to PWE3：支持单/多信元封装，多信元封装会增加网络时延，需要结合网络环境和业务要求综合考虑。

（3）Ethernet to PWE3：支持无控制字的方式和有控制字的传送方式。

2. 智能感知业务

（1）业务感知有助于根据不同的业务优先级采用合适的调度方式。

（2）对于 ATM 业务，业务感知基于信元 VPI（Virtual Path Identifier，虚路径标识符）/VCI（Virtual Channel Identifier，虚通道标识符）标识映射到不同伪线处理，优先级（含丢弃优先级）可以映射到伪线的 EXP 字段。

（3）对于以太网业务，业务感知可基于外层 VLAN ID 或 IP DSCP。

（4）对时延敏感性较高的 TDM E1 实时业务按固定速率的快速转发处理。

3. 提供端到端的区分服务

（1）网络入口：识别用户业务，进行接入控制，将业务的优先级映射到隧道的优先级。

（2）转发节点：根据隧道优先级进行调度，采用 PQ（Priority Queue 优先级队列调度）、PQ + DRR（Deficit Round Robin 赤字加权轮询调度），PQ + WFQ（Weighted Fair Queue 加权公平调度）等方式进行。

（3）网络出口：弹出隧道层标签，还原业务自身携带的 QoS 信息。

4. 高精度时钟同步技术支撑传送网络分组化

（1）采用 IEEE 1588v2 + G. 8261 方案，有效提高时间同步精度。

（2）支持 SSM、BMC 协议，实现时间链路的自动保护倒换，保证时间的可靠传送需求。

（3）同时支持带内（Ethernet）和带外（1PPS + TOD）同步接口，部署灵活。

（4）100% 负载流量情况下精度稳定，满足业务大规模组网下基站同步需求。

5. 精细化业务监控

（1）层次化的 OAM（操作管理维护），实现精细化的故障和性能监控。

（2）硬件 OAM 引擎，实现 3.3 ms OAM 协议报文插入，实现电信级保护倒换。

（3）支持业务的端到端管理，支持根据业务情况按需配置 OAM。

6. 全程电信级保护机制

（1）业内最全面的电信级保护机制。

（2）全面的网络级保护、网络边缘保护、设备级保护功能。

（3）针对不同业务提供不同保护机制。

7. 统一的网络管理

（1）采用中兴统一网管平台 NetNumen U31，实现 PTN、SDH/MSTP、WDM、OTN 统一管理。

（2）提供端到端的路径创建和管理功能，提供强大的 QoS、OAM 管理功能，实时告警和性能监控功能。

（3）符合传统传送网要求的网元管理和友好界面，易于操作和维护，使分组网络首次具备了可管理、易维护的属性。

二、掌握 PTN 网络结构

由于 IP 技术和 ATM 技术在各自的发展领域中都遇到了实际困难，彼此都需要借助对方以求得进一步发展，所以这两种技术的结合有着必然性。MPLS（Multi-Protocol Label Switching，多协议标签交换）技术就是为了综合利用网络核心的交换技术和网络边缘的 IP 路由技术各自的优点而产生的。网络中涉及的概念如图 4-3-1 所示。

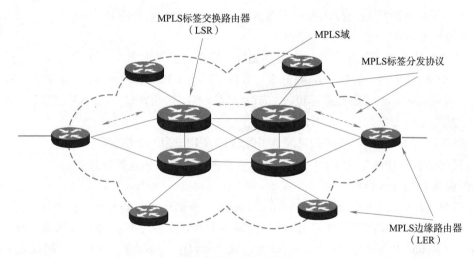

图 4-3-1　MPLS 的概念

MPLS 技术具有如下特点：

（1）MPLS 为 IP 网络提供面向连接的服务。

（2）通过集成链路层（ATM、帧中继）与网络层路由技术，解决了 Internet 扩展、保证 IP QoS 传输的问题，提供了高服务质量的 Internet 服务。

（3）通过短小固定的标签，采用精确匹配寻径方式取代传统路由器的最长匹配寻径方式，提供了高速率的 IP 转发。

（4）在提供 IP 业务的同时，提供高可靠的安全和 QoS 保证。

（5）利用显式路由功能同时通过带有 QoS 参数的信令协议建立受限标签交换路径（CR-LSP），因而能够有效地实施流量工程。

（6）利用标签嵌套技术 MPLS 能很好地支持 VPN。

MPLS 的运作原理是为每个 IP 数据包提供一个标记,并由此决定数据包的路径以及优先级。其核心是标记的语义、基于标记的转发方法和标记的分配方法。

MPLS 域即运行 MPLS 协议的节点范围,包括 LSR 及 LER,如图 4-3-2 所示。

LER 即 MPLS 边缘路由器,处于 MPLS 的网络边缘,进入 MPLS 域的流量由 LER 分配请求相应的标签。它提供流量分类和标签的映射、标签的移除功能。

LSR 即 MPLS 标签交换路由器,是 MPLS 的网络核心路由器,它提供标签交换和标签分发功能。

MPLS 标签交换协议在 MPLS 域内运行从而实现设备之间的标签分配。

MPLS 的工作原理如图 4-3-2 所示。

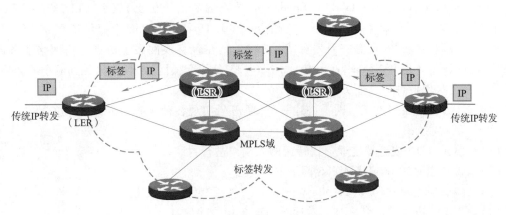

图 4-3-2　MPLS 的工作原理

MPLS 的工作原理是在 MPLS 域外采用传统的 IP 转发方式,在 MPLS 域内按照标签交换方式转发,无须查找 IP 信息。

在运营 MPLS 的网络内(即 MPLS 域内),路由器之间运行 MPLS 标签分发协议,使 MPLS 域内的各设备都分配到相应的标签。

三、掌握 PTN 关键技术

（一）MPLS-TP

MPLS-TP(MPLS Transport Profile)是一种从核心网向下延伸的面向连接的分组传送技术。

微视频　微视频

PTN关键技术　MPLS技术

2008 年 4 月起由 IETF(因特网工程任务组)和 ITU-T 共同成立了联合工作组(JWT),负责联合开发。IETF 负责标准的制定,ITU-T 负责提出传送的需求。

MPLS-TP 构建于 MPLS 技术之上,它的相关标准为部署分组交换传输网络提供了电信级的完整方案。更重要的是,该技术基于 IP 核心网,对 MPLS/PW 技术进行简化和改造,去掉了那些与传输无关的 IP 功能,更加适合分组传送的需求。为了维持点对点 OAM 的完整性,引入了传送的层网络、OAM 和线性保护等概念,可以独立于客户信号和控制网络信号,符合传送网的需求。

MPLS-TP 充分利用了面向连接 MPLS 技术在 QoS、带宽共享以及区分服务等方面的技术优势。基于 IP 传送网的分层网络架构,提供以下功能:

（1）基于分组的多业务支持。

（2）面向连接。

（3）可扩展性。

（4）电信级 QoS 保证、带宽统计复用功能。

（5）高效的带宽管理和流量工程。

（6）强大的 OAM 和网管。

（7）提供 50 ms 的保护倒换及恢复。

（8）动态控制平面支持。

（9）较低的 CAPEX + OPEX。

（二）PWE3

PWE3（Pseudo Wire Edge to Edge Emulation，端到端的伪线仿真）又称 VLL（Virtual Leased Line）虚拟专线，是一种业务仿真机制。它指定了在 IETF 特定的 PSN 上提供仿真业务的封装/传送/控制/管理/互联/安全等一系列规范。PWE3 是在包交换网络上仿真电信网络业务的基本特性，以保证其穿越 PSN（Packet Switched Network，分组交换网）而性能只受到最小的影响，而不是许诺完美再现各种仿真业务。

简单来说，就是在分组交换网上搭建一个"通道"，实现各种业务的仿真及传送。

PWE3 的功能如下：

（1）对信元、PDU 或者特定业务比特流的入端口进行封装。

（2）携带它们通过 IP 或者 MPLS 网络进行传送。

（3）在隧道端点建立伪线（Pseudo Wire，PW），包括 PW ID 的交换和分配。

（4）管理 PW 边界的信令、定时、顺序等与业务相关的信息。

（5）业务的告警及状态管理等。

PWE3 的仿真原理如图 4-3-3 所示。其中，隧道提供端到端（即 PE 的 NNI 端口之间）的连通性，在隧道端点建立和维护 PW，用来封装和传送业务。用户的数据报经封装为 PW PDU 之后通过隧道（Tunnel）传送，对于客户设备而言，PW 表现为特定业务独占的一条链路或电路，称为虚电路（VC），不同的客户业务由不同的伪线来承载，此仿真电路行为称作"业务仿真"。伪线在 PTN 内部网络不可见，网络的任何一端都不必去担心其所连接的另外一端是否是同类网络；边缘设备 PE 执行端业务的封装/解封装，管理 PW 边界的信令、定时、顺序等与业务相关的信息，管理业务的告警及状态等；并尽可能真实地保持业务本身具有的属性和特征。客户设备 CE 感觉不到核心网络的存在，认为处理的业务都是本地业务。

（三）OAM

1. OAM 的定义

OAM（Operation，Administration and Maintenance）是指为保障网络与业务正常、安全、有效运行而采取的生产组织管理活动，简称运行管理维护或运维管理。

根据运营商网络运营的实际需要，通常将 OAM 划分为三大类：

（1）操作：操作主要完成日常的网络状态分析、告警监视和性能控制活动。

（2）管理：管理是对日常网络和业务进行的分析、预测、规划和配置工作。

维护：维护主要是对网络及其业务的测试和故障管理等进行的日常操作活动。

2. OAM 的分类

OAM 按功能分为：

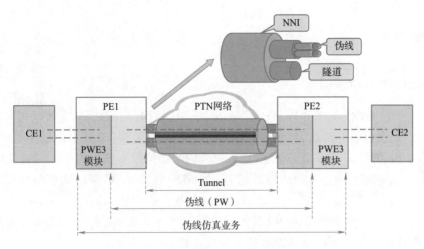

图 4-3-3　PWE3 的工作原理

（1）故障管理：如故障检测、故障分类、故障定位、故障通告等。

（2）性能管理：如性能监视、性能分析、性能管理控制等。

（3）保护恢复：如保护机制、恢复机制等。

OAM 按对象分为：

（1）对维护实体的 OAM。

（2）对域的 OAM。

（3）对生存性的 OAM。

PTN OAM 具备像 SDH 一样的分层架构与端到端的管理维护能力，如分层监控，能够实现快速故障检测和故障定位。另外，PTN OAM 仿照 SDH 的设计达到电信级标准，OAM 功能由硬件实现，可实现固定 3.3 ms OAM 协议报文监控等。

任务四　学习 OTN 技术

任务描述

OTN 是指在光域内实现业务信号的传送、复用、路由选择、监控，并且保证其性能指标和生存性的传送网络。本任务介绍 OTN 技术涉及的基本概念、OTN 网络的结构、OTN 网络的功能和 OTN 网络传送单元的帧结构。

任务目标

- 识记：OTN 的概念。
- 领会：OTN 的网络结构、OTN 的帧结构。
- 应用：OTN 的网络功能。

任务实施

一、了解 OTN 基本概念

微视频

OTN概述

OTN（Optical Transport Network,光传送网）出现之前,主要采用WDM技术实现大容量的传送,但WDM只是物理层面的标准（只针对系统中传送信号的波段、频率间隔等做了规定,而对信号的帧结构没有统一的标准）,这使得WDM系统中同时传送多种体制的信号（如STM-64、10GbE等）,这些信号的性能、帧结构、开销等各不相同,不能方便地进行统一的调度、运营、管理和维护。随着网络的演进,各种业务对WDM系统全网的统一运营、管理、维护的要求越来越高,运营商和系统制造商一直在不断地考虑改进业务传送技术的问题。

1998年,国际电信联盟电信标准化部门（ITU-T）正式提出了OTN的概念。从其功能上看,OTN在子网内可以全光形式传输,而在子网的边界处采用光—电—光转换。这样,各个子网可以通过3R再生器连接,从而构成一个大的光网络。

OTN是由ITU-T G.872、G.798、G.709等建议定义的一种全新的光传送技术体制,它包括光层和电层的完整体系结构,对于各层网络都有相应的管理监控机制和网络生存性机制。OTN的思想来源于SDH/SONET（Synchronous Optical Network,同步光网络）技术体制（如映射、复用、交叉连接、嵌入式开销、保护、FEC等）,把SDH/SONET的可运营可管理能力应用到WDM系统中,同时具备了SDH/SONET灵活可靠和WDM容量大的优势。

在OTN的功能描述中,光信号是由波长（或中心波长）来表征。光信号的处理可以基于单个波长或基于一个波分复用组。（基于其他光复用技术,如时分复用、光时分复用或光码分复用的OTN,还有待研究。OTN在光域内可以实现业务信号的传递、复用、路由选择、监控,并保证其性能要求和生存性。OTN可以支持多种上层业务或协议,如SONET/SDH、ATM、Ethernet、IP、PDH、FibreChannel、GFP、MPLS、OTN虚级联、ODU（光通道数据单元）复用等,是未来网络演进的理想基础。全球范围内越来越多的运营商开始构造基于OTN的新一代传送网络,系统制造商也推出具有更多OTN功能的产品来支持下一代传送网络的构建。

二、了解 OTN 网络结构

微视频

OTN分层结构

OTN网络结构由光通道层（Optical Channel Layer, OCh）、光复用段层（Optical MultiplexSection Layer, OMS）、光传输段层（Optical Transmission Layer, OTS）组成,按照建议 G.872,光传送网中加入光层,光层由光通道层、光复用段层和光传输段层组成,如图 4-4-1 所示。

（一）光通道层

光通道层负责为来自电复用段层的客户信息选择路由和分配波长,为灵活的网络选路、安排光通道连接、处理光通道开销提供光通道层的检测、管理功能,并在故障发生时通过重新选路或直接把工作业务切换到预定的保护路由来实现保护倒换和网络恢复。

（二）光复用段层

光复用段层负责保证相邻两个波长复用传输设备间多波长复用光信号的完整传输,为多波长信号提供网络功能。其主要功能包括：为灵活的多波长网络选路重新安排光复用段功能；为保证多波长光复用段适配信息的完整性处理光复用段开销；为网络的运行和维护提供光复用段的检测和管理功能。

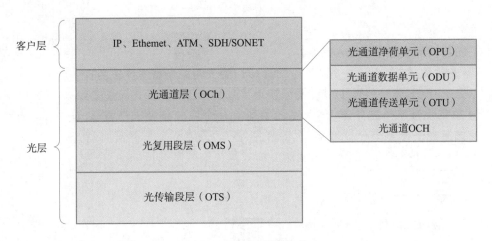

图 4-4-1　OTN 网络结构

（三）光传输段层

光传输段层为光信号在不同类型的光传输媒介（如 G.652、G.653、G.655 光纤等）上提供传输功能，同时实现对光放大器或中继器的检测和控制功能等。通常会涉及以下问题：功率均衡问题、EDFA 增益控制问题和色散的积累和补偿问题。

三、掌握 OTN 网络功能

在波分复用传送系统中，输入信号是以电接口或光接口接入的客户业务，输出是具有 G.709 OTUkV（光信道传送单元）帧格式的 WDM 波长。OTUk 称为完全标准化的光通道传送单元，而 OTUkV 则是功能标准化的光通道传送单元（OTUkV 中的 k 表示层速率，V 表示信道编码方式）。例如，OTU2V 表示 10 Gbit/s 传输速率的信道，采用可变光电子码进行编码。OTUkV 中的 V 可以表示为 1、2、3 等，而 OTUk[V] 中的 V 可以表示为 1、2、3 等，但也可以表示为 FEC（前向纠错）类型、RS-FEC 类型等）。G.709 对 OTUk 的帧格式有明确的定义：

（1）OPU（Optical Channel Payload Unit）：光通道净荷单元，提供客户信号的映射功能。

（2）ODU（Optical Channel Data Unit）：光通道数据单元，提供客户信号的数字包封、OTN 的保护倒换、提供踪迹监测、通用通信处理等功能。

（3）OTU（Optical Channel Transport Unit）：光通道传输单元，提供 OTN 成帧、FEC（前面纠错）处理、通信处理等功能，波分设备中的发送 OTU 单板完成了信号从 Clinet 到 OCC（Optical Channel Carrier，光信道载波）的变化；波分设备中的接收 OTU 单板完成了信号从 OCC 到 clinet 的变化。

（一）复用/映射原则

图 4-4-2 所示为 OTM 的复用结构和映射（包括波分复用和时分复用，OCCr 为简化功能 OCC，OChr 为简化功能 OChr）。

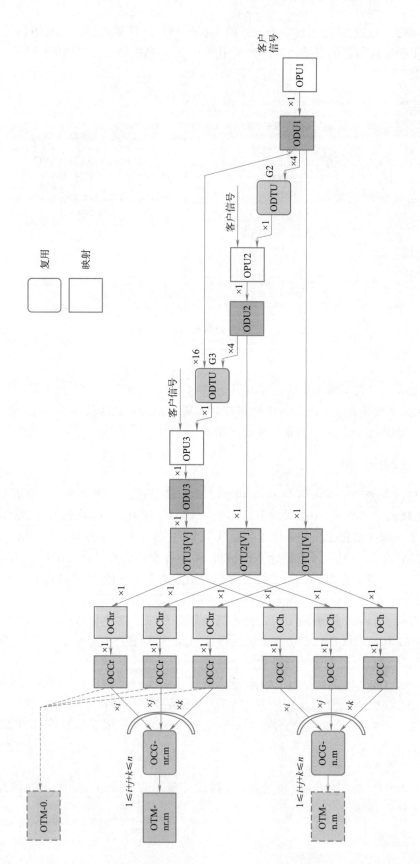

图 4-4-2 复用映射

客户侧信号进入 Client,Client 对外的接口就是 DWDM 设备中的 OTU 单板的客户侧,其完成了从客户侧光信号到电信号的转换。Client 加上 OPUk 的开销就变成了 OPUk(k = 1,2,3);OPUk 加上 ODUk 的开销就变成了 ODUk;ODUk 加上 OTUk 的开销和 FEC 编码就变成了 OTUk;OTUk 映射到 OCh[r],最后 OCh[r]被调制到 OCC,OCC 完成了 OTUk 电信号到发送 OTU 的波分侧发送光口送出光信号的转换过程。

（二）比特速率和容量

STM-N 帧周期均为 125 μm,不同速率的信号的帧的大小是不同的,和 SDH/SONET 不同的是,对于不同速率的 OTUk 信号,G.709 帧的结构和长度不变,不同速率等级 OTN 的帧周期不一样,脱离了 SDH 基本的 8K 帧周期。即 OTU1、OTU2、和 OTU3 具有相同的帧尺寸,都是 4 × 4 080 字节,但每帧的周期是不同的。各个数据单元的类型及容量见表 4-4-1 ~ 表 4-4-3。

表 4-4-1　OTU 类型及容量

OUT 类型	OUT 标称比特率	OTU 比特速率容差
OTU1	255/238 × 2 488 320 kbit/s	
OTU2	255/237 × 9 953 280 kbit/s	± 20 ppm(Parts per Million,每百万单位)
OTU3	255/236 × 39 813 120 kbit/s	

注:标称 OTUk 速率近似为 2 666 057.143 kbit/s(OTU1)、10 709 225.316 kbit/s(OTU2)和 43 018 413.559 kbit/s

表 4-4-2　ODU 类型及容量

ODU 类型	ODU 标称比特率	ODU 比特速率容差
ODU1	239/238 × 2 488 320 kbit/s	
ODU2	239/237 × 9 953 280 kbit/s	± 20 ppm
ODU3	239/236 × 39 813 120 kbit/s	

注:标称 ODUk 速率近似为 2 498 775.126 kbit/s(ODU1)、10 037 273.924 kbit/s(ODU2)和 40 319 218.983 kbit/s(ODU3)

表 4-4-3　OPU 类型及容量

OPU 类型	OPU 净荷比特速率	OPU 净荷比特速率容差
OPU1	2 488 320 kbit/s	
OPU2	238/237 × 9 953 280 kbit/s	± 20 ppm
OPU3	238/236 × 39 813 120 kbit/s	

注:标称 POUk 净荷比特率近似为 2 488 320.000 kbit/s (OPU1 净荷)、9 995 276.962 kbit/s (OPU2 净荷)和 40 150 519.322 kbit/s (OPU3 净荷)

OTUk/ODUk/OPUk 帧周期见表 4-4-4。

表 4-4-4　OTUk/ODUk/OPUk 帧周期

OTU/ODU/OPU 类型	周　　期
OTU1/ODU1/OPU1/OPU1-Xv	48.971 μs
OTU2/ODU2/OPU2/OPU2-Xv	12.191 μs
OTU3/ODU3/OPU3/OPU3-Xv	3.035 μs

四、掌握 OTU 帧结构

（一）OTU 帧的组成

OTU（Optical Channel Transport Unit，光通道传送单元）帧根据速率等级分为 OTU1、I2 和 I3。OTUk（k = 1、2、3）帧由 OTUK OH（OTUk 开销）、ODUk 帧和 OTUk FEC 三部分组成，总共 4 行 4 080 字节，如图 4-4-3 所示。OTUk 帧在发送时按照先从左到右，再从上到下的顺序逐个字节发送。在每个字节中第一位是 MSB（Most Significant Bit，最高有效位），第八位比特是 LSB（Least Significant Bit，最低有效位）。

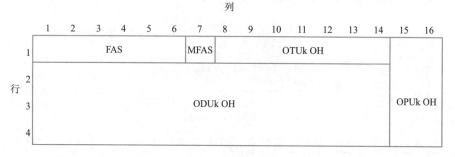

图 4-4-3　OTUk 帧结构

OTUk 的帧结构 k 值不同时，OTUk 帧的结构相同，唯一不同的是帧的发送速率不同，也就是说 OTUk 不仅指固定的帧结构，而且包含了帧的发送速率。通俗地理解，OTU1 就是 STM-16 加 OTN 开销后的帧结构和速率；OTU2 是 STM-64 加 OTN 开销后的帧结构和速率；OTU3 就是 STM-256 加 OTN 开销后的帧结构和速率。这里的开销包括普通开销和 FEC。

OTUk 包含了两层帧结构，分别为 ODU（Optical Channel Data Unit，光通道数据单元）和 OPU（Optical Channel Payload Unit，光通道净荷单元），它们之间的包含关系为 OTU > ODU > OPU，OPU 被完整地包含在 ODU 层中，ODU 被完整地包含在 OTU 层中。

OTUk 帧由 OTUk 开销、ODUk 帧和 OTUk FEC 三部分组成。

ODUk 帧由 ODUk 开销、OPUk 帧组成；OPUk 帧由 OPUk 净荷和 OPUk 开销组成，从而形成了 OTUk-ODUk-OPUk 这三层帧结构。以下详细进行说明。

OTUk 前向纠错（FEC）包含 Reed-Solomon RS（255，239）FEC 编码。若没有使用 FEC，则适用固定填充字节（全"0"模式）。为了支持 FEC 和不支持 FEC 功能的设备之间的互通，对于不支持 FEC 功能的设备，可以在 OTUk FEC 中插入固定的全 0 来填充；对于支持 FEC 的设备，可以不启动 FEC 解码过程（忽略 OTUk FEC 的内容）。

OTUk 的开销所在的位置为（1，1）～（1，14）共 14 字节。这 14 字节分成三部分，如图 4-4-4 所示，分别为 FAS（Frame Alignment Signal，帧定位信号）、MFAS（MultiFrame Alignment Signal，复帧定位信号）和 OTUk OH（Overhead，开销）。

FAS（Frame Alignment Signal，帧定位信号）共 6 字节，位置为（1，1）～（1，6）。字节定义为 f6h f6h f6h 28h 28h 28h，与 STM-1 的帧定位字节（A1、A2）一样，用来定义帧开头的标记。

MFAS（MultiFrame Alignment Signal，复帧定位信号）为 1 字节，位置为（1，7），用于复帧计数。256 个连续的 OTUk 帧组成 OTUk 复帧。

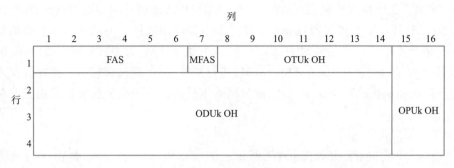

图 4-4-4　OTU 开销

OTUk OH(Overhead,开销)由字节(1,8)~(1,14)共 7 字节组成,如图 4-4-5 所示。这部分又可分成三部分:SM(Section Monitoring,段开销监视)、GCC0(General Communication Channel 0,通用通信通道)和 RES(Reserved for future international standardization,保留字节)。

RES 由(1,13)~(1,14)共 2 字节组成,为保留字节,现在规定为全 0。

GCC0 为 2 字节,位置为(1,11)~(1,12),是为两个 OTUk 终端之间进行通信而保留的。这 2 字节构成了两个 OTUk 终端之间进行通信的净通道,可用来传输任何用户自定义信息。

SM 为 3 字节,位置为(1,8)~(1,10),如图 4-4-6 所示。

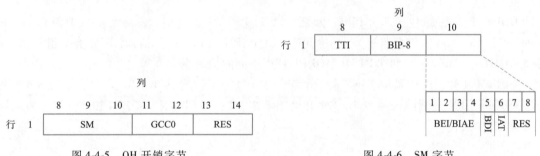

图 4-4-5　OH 开销字节　　　　　　　　图 4-4-6　SM 字节

OTUk 的 FEC 的作用是给 OTUk 帧加入冗余校验信息,具体冗余校验信息见表 4-4-5,这样经过传输后即使引入个别误码,但只要误码不超过一定数量,则一定可以通过解 FEC 的方式纠正引入的误码。OTUk FEC 的位置为 OTUk 信号帧的 3 825 列到最后一列 4 080,共 4 行。在光放输出总功率有限的情况下,可以通过降低每通道光功率来增加光通道数。FEC 的出现降低了对器件指标和系统配置的要求。增加了最大单跨距距离或者跨距的数目,因而可以延长信号的总传输距离。

表 4-4-5　OTUk SM 开销包含的子项

子　项	英　文　全　称	中　文　释　义
TTI	Trail Trace Identifier	跟踪标记
BIP-8	Bit Interleaved Parity of depth 8	8 位比特间插奇偶校验
BDI	Backward Defect Indication	后向失效指示
BEI/BIAE	Backward Error Indication/Backward Incoming Alignment Error	后向错误指示/后向接收对齐错误
IAE	Incoming Alignment Error	接收对齐错误
RES	Bits Reserved for Future International Standardization	保留

OTUk 帧为了在线路上传输,必须保证码型中 1 和 0 的比例基本相当,避免出现长连 0 或者长连 1 的情况,这样才能保证接收设备能够从业务中提取出时钟。为此,OTUk 帧必须经过加扰后才能在线路上传输。加扰是针对 OTUk 帧进行的,由于 FEC 为 OTUk 帧中的内容,所以加扰是在 FEC 编码后进行的。OTUk 在 FEC 编码后进行加扰,因此经过传输后必须先解扰才能进行解码操作。解扰和加扰的算法完全一样,对加扰的信号再执行一次加扰操作即相当于对信号进行了解扰。

（二）ODU 帧结构

ODUk(k = 1,2,3)帧结构如图 4-4-7 所示。该帧结构基于字节块,共由 4 行和 3 824 列组成。

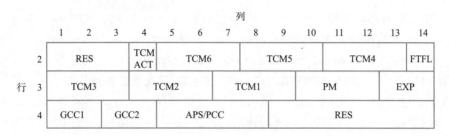

图 4-4-7　ODU 帧结构

ODUk 开销主要由三部分组成,分别为 PM（Path Monitoring,路径监视）、TCM（Tandem Connection Monitoring,串接监视）和其他开销。其中,PM 只有一组开销,而 TCM 有 6 组开销,分别为 TCM1 ~ TCM6。PM 和 TCM 代表 ODUk 帧中不同的监测点。

ODUk PM 开销的位置位于第三行,由字节（3,10）~（3,12）共 3 个字节组成,如图 4-4-8 所示。ODUk 的 PM 开销结构和 OTUk SM 开销差不多,唯一不同的是 SM-IAE 加 SM-RES 的位置被 PM-STAT 所代替。

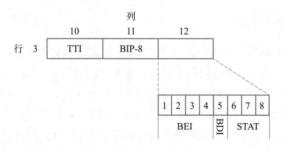

图 4-4-8　PM 字节

为了便于监测 OTN 信号跨越多个光学网络时的传输性能,ODUk 的开销提供了多达 6 级的串连监控 TCM1 ~ TCM6。TCM1 ~ TCM6 字节类似于 PM 开销字节,具体包含的子项见表 4-4-6,用来监测每一级的踪迹字节（TTI）、负荷误码（BIP-8）、远端误码指示（BEI）、反向缺陷指示（BDI）并判断当前信号是否是维护信号（ODUk-LCK、ODUk-OCI、ODUk-AIS）等。在 ODUk 帧中,TCM 开销共有 6 组,如图 4-4-9 所示,位于 ODUk 开销区域内,包括两部分,一部分在第二行中的字节（2,5）~（2,13）;另一部分在第三行中的字节（3,1）~（3,9）。TCM 用于检测 ODUk 的各种连接情况。TCM1 ~ TCM6 的详细用途没有定义,用户可以自己决定使用几组 TCM 并决定各个 TCM 监控连接的详细位置。这 6 个串联监控功能可以堆叠或嵌套的方式实现,从而允许 ODU 连接在跨越多个光学网络或管理域时实现任意段的监控。ODUk 路径监视连接的数目可在 0~6 之间变化。监视的连接可以是嵌套的,重叠的和/或层叠的。图中所示,监控的连接 A1-A2/B1-B2/C1-C2 和 A1-A2/B3-B4 是嵌套的,而 B1-B2/B3-B4 是层叠的。

表 4-4-6　ODUk PM 开销包含的子项

子项	英文全称	中文释义
TTI	Trail Trace Identifier	跟踪标记
BIP-8	Bit Interleaved Parity of depth 8	8 位比特间插奇偶校验
BDI	Backward Defect Indication	后向失效指示
BEI	Backward Error Indication	后向错误指示
STAT	Status Bits Indicating the Presence of a Maintenance Signal	指示当前维护信号的状态比特

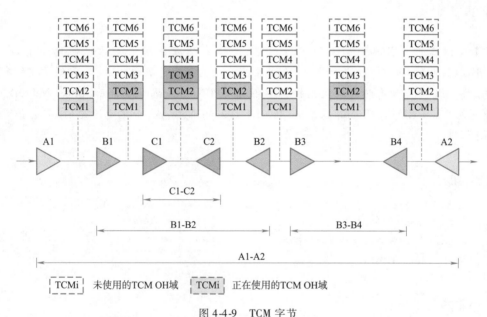

图 4-4-9　TCM 字节

OTN 串联监测的功能,可以做到:

(1) UNI(用户网络接口)到 UNI 之间的串联监测。可以监测经过公共传送网的 ODUk 连接的传输情况(从公共网络的入点到出点)。

(2) NNI(网节点接口)到 NNI 之间的串联监测。可以监测经过一个网络运营商的网络的 ODUk 连接的传输情况(从这个网络运营商的网络的入点到出点)。

(3) 基于串联监测所探测到的信号失效或信号裂化,可以在子网内部触发 1+1、1:1 或 1:n 等各种方式的光通道线性保护切换。

(4) 基于串联监测所探测到的信号失效或信号裂化,也可实现光通道共享保护环的保护切换。

(5) 运用串联监测功能可用来进行故障定位及业务质量(QoS)的确认。

ODUk 中的其他开销见表 4-4-7。

表 4-4-7　ODUk 中的其他开销如表

子　项	英 文 全 称	中 文 释 义
GCC1/GCC2	General Communication Channel	通用通信通道
APS/PCC	Automatic Protection Switching/Protection Communication Channel	自动保护倒换/保护通信通道
FTEL	Fault Type and Fault Location Reporting Communication Channel	错误类型和错误位置信息通信通道
EXP	Experimental Overhead	试验用开销
RES	Reserved Overhead	保留

任务五　了解无源光网络技术

任务描述

　　无源光网络是一种典型的无源光纤网络,是指不含有任何电子器件及电子电源,ODN(Optical Distribution Network,光配线网)全部由光分路器等无源器件组成,不需要贵重的有源电子设备。本任务介绍现有的两种主流的 PON 技术 EPON(Ethernet Passive Optical Network,以太网无源光网络)和 GPON(Gigabit-Capable Passive Optical Network,千兆无源光网络),并对两种技术进行比较。

任务目标

- 识记:PON 技术中的网元及作用。
- 领会:EPON 系统原理和 GPON 技术。
- 应用:EPON 和 GPON 不同场景的应用。

任务实施

一、了解 PON 各网元

· 微视频

PON技术概述

　　PON(Passive Optical Network)即无源光网络。xPON 泛指基于无源光网络的技术。

　　PON 由光线路终端(Optical Line Terminal,OLT)、光合/分路器(Splitter)和光网络单元(Optical Network Unit,ONU)组成,采用树状拓扑结构,如图 4-5-1 所示。OLT 放置在中心局端,分配和控制信道的连接,并有实时监控、管理及维护功能。ONU 放置在用户侧,OLT 与 ONU 之间通过无源光合/分路器连接。接入网部分可采用 PON 的保护结构对 ODN 和需要保护的 OLT、ONU 实现冗余保护。

　　所谓无源,是指在 OLT(光线路终端)和 ONU(光网络单元)之间的 ODN(光分配网络)没有任何有源电子设备。

　　PON 使用波分复用(WDM)技术,同时处理双向信号传输,上、下行信号分别用不同的波

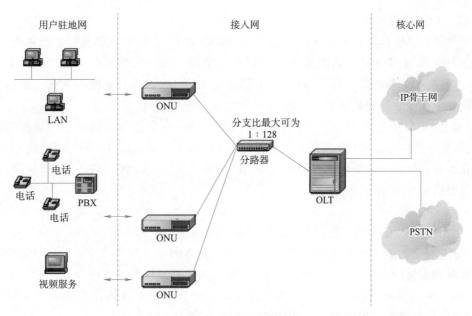

图 4-5-1　PON 组成结构

LAN—局域网;PBX—用户及交换机;PSTN—公共换电话网络

长,但在同一根光纤中传送。OLT 到 ONU/ONT(Optical Network Terminal,光网络终端)的方向为下行方向,反之为上行方向。下行方向采用 1 490 nm,上行方向采用 1 310 nm。

二、了解 EPON 系统结构

微视频

EPON技术

(一)结构组成

EPON(Ethernet PON ,以太网无源光网络)技术采用点到多点的用户网络拓扑结构、无源光纤传输方式,在以太网上提供数据、语音和视频等全业务接入。

EPON 系统由光线路终端(Optical Line Terminal,OLT)、光配线网(ODN)和光网络单元(Optical Network Unit,ONU)组成,为单纤双向系统,系统结构如图 4-5-1 所示。

(二)光线路终端(OLT)

OLT 位于局端处理设备;OLT 通常放置在中心机房内,也可由光纤拉远,设置在靠近用户的位置。

OLT 下行功能:本地汇聚。

OLT 上行功能:各种信号按业务类型送入各种网络。

OLT 提供与网络管理系统之间的接口和本地管理控制接口,如图 4-5-2 所示。

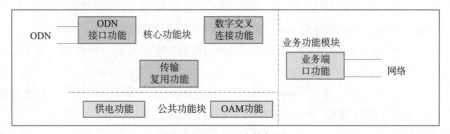

图 4-5-2　OLT 功能框图

1. 核心功能模块

OLT 的核心功能模块包括业务的交换、汇聚和转发功能以及 ODN 的接口适配和控制功能。其中业务的交换、汇聚和转发功能具体包括复用/解复用、交换和/或交叉、业务质量控制和带宽管理、用户隔离和业务隔离、协议处理等。在 PON 的 OLT 中,这部分功能通常由一个以太网交换芯片再加上部分软件功能完成。具体如下:

(1)复用/解复用功能:将来自网络侧交换机和本地内容服务器的各种下行业务流进行复用,编码成统一的信号格式(例如以太网帧等),通过 ODN 接口发送给 ONU;反之将从 ODN 侧接口接收到的上行信号解复用成各种业务特定的帧格式(如以太网帧、ATM 帧、E1 帧等)发送给网络侧交换机和域本地内容服务器。

(2)交换和/或交叉功能:一般一个 OLT 设备都具备多个 ODN 接口,交换和交叉功能就是在 OLT 的网络侧和 ODN 侧提供信息的交换和域交叉连接功能。

(3)业务质量控制和带宽管理功能:指为了保证业务的 QoS 以及安全性,对 OLT 的相关资源进行调度和控制的功能,包括对 OLT 和 FTTx 接入网的带宽资源的管理等。

(4)用户隔离和业务隔离:指基于用户或者基于业务类型对接入网中的流量采取隔离措施,以及用户数据的加密等功能,可保护用户数据的私密性和安全性。

(5)协议处理功能:指 OLT 上为了实现业务的接入而需要处理的一些二层和三层协议,如多播协议、路由协议等。

ODN 的接口适配和控制功能包括两部分:一是物理接口的适配;二是对接口的控制。

ODN 物理接口适配功能,包括光/电/光转换、定时同步以及保护等功能。在 PON 网络中,OLT 物理接口适配功能除上述功能外,还需要处理 PON 上行信号的突发接收。

接口控制功能包括成帧、媒质接入控制、测距、OAM、DBA(Dynamically Bandwidth Assignment,动态带宽分配)为交叉连接功能提供 PDU 定界和 ONU 管理等功能。在 PON 网络中,这部分功能实际上就是 PON 协议(包括 EPON MCP 协议和 GPON 协议)的处理、PON 的成帧(EPON 为以太网帧、GPON 为 GEM 帧)、ONU 发现注册、测距、DBA 等功能,一般由 PON 处理芯片完成。

2. 业务功能模块

OLT 的业务接口功能包括接口适配、接口保护以及特定业务的信令(例如话音业务的信令)和媒质传输之间的转换。常见的 OLT 业务端口有以太网端口、STM-1/E1 业务端口等。

3. 公共功能模块

公共功能模块包括 OLT 的供电以及 OAM 功能。供电功能将外部交流或者直流电源转换为 OLT 内部需要的各种电源。电信级的 OLT 具备电源保护功能,即双电源输入的能力。OAM 功能模块提供必要的管理维护手段。OLT 可以提供标准的网络管理接口连接到 EMS(ElementManagementSystem,网元管理系统),也提供本地控制管理接口。

OLT 通常有插卡式和盒式两种,分别满足大容量用户接入和中小规模用户宽带接入需求。

(三)光网络单元(ONU)

ONU 放置位置靠近用户侧。ONU 下行功能是将不同业务解复用。ONU 上行功能是对不同用户终端设备业务进行复用、编码。ONU 功能框图如图 4-5-3 所示。

1. 核心功能模块

ONU 的核心功能模块包括业务的交换、汇聚和转发功能以及 ODN 的接口适配和控制功能。

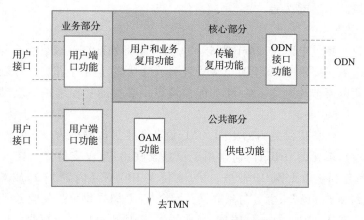

图 4-5-3 ONU 功能框图

OAM—操作维护管理;TMN—电信管理网

由于 ONU 一般只有一个 ODN 接口(有时为了保护也具备两个 ODN 接口),因此交叉功能可以简化或者省略。所以,ONU 的业务的交换、汇聚和转发功能具体包括复用/解复用、业务质量控制和带宽管理、用户隔离和业务隔离、协议处理等。同样,在传统的 SDH/MSTP 技术中,这部分功能可以理解为交叉复用模块。在 PON 的 ONU 中,这部分功能通常由一个以太网交换芯片再加上部分软件功能完成。

(1)复用/解复用功能,将上行方向不同类型的业务流复用成统一的信号格式进行发送;反之,将下行方向的信号解复用成不同类型的业务信号。

(2)业务质量控制和带宽管理功能,对 ONU 上包括带宽在内的资源进行调度和控制,以便保证 ONU 上的业务质量。

(3)用户隔离和业务隔离,基于用户或者基于业务类型对接入网中的流量采取隔离措施,保护用户数据的私密性和安全性。对于 ONT 而言不需要具备用户隔离的功能。

(4)协议处理功能,指为了实现业务的接入而需要处理的一些二层和三层协议,如多播协议、网关协议等。

(5)ONU 上 ODN 的接口适配和控制功能:包括光—电—光转换功能、线路的保护功能、定时同步功能以及帧、媒质接入控制等。在 PON 网络中 ODN 物理接口适配还要处理上行信号的突发发送。

2. 业务功能模块

业务功能模块由三个功能组成:业务端口功能,控制适配(AF)接口功能和物理接口功能。其中控制适配(AF)接口功能是 ONU 才有的功能模块。ONT 仅有业务端口功能和物理接口功能两大模块。

业务接口功能负责:

(1)信令适配,如 H.248/SIP/MGCP 信令的提供。

(2)业务流媒体信号转换功能,包括可能的业务媒体格式转换。

(3)安全控制功能。

(4)用户网络接口适配功能。

物理接口功能提供各种物理接口,如 RJ-45 接口、RJ-11 接口、75 Ω 2M 接口或者 120 Ω 2M 接口等。AF 接口的功能是 ONU 特有的功能,提供对 AF 的业务适配和在引入线上业务传送功

能相对应的接口控制和适配功能。

3. 公共功能模块

公共功能模块包括供电以及 OAM 功能。供电功能将外部交流或者直流电源转换为 ONU 内部需要的各种电源。要求 ONU 上有电源管理和节电功能,能够上报电源中断的告警,还能够关闭不使用的模块以便节约电能。OAM 功能模块提供必要的管理维护手段,如端口环回的测试等。

根据应用场景和业务提供能力的不同,ONU 设备通常可以归纳为以下六种主要类型。

(1)SFU(单住户单元型 ONU)。通常用于单独家庭用户,仅支持宽带接入终端功能,具有 1 ~ 4 个以太网接口,提供以太网/IP 业务,可以支持 VoIP 业务(内置 IAD)或 CATV 业务,主要应用于 FTTH(光纤到户)场合,也可与家庭网关配合使用,以提供更强的业务能力。

在商业客户不需要 TDM(时分复用技术)业务时,SFU 也可以用于商业用户,如 FTTO(光纤到办公室)或者 SOHO(家居办公)的应用场景。

(2)HGU(家庭网关单元型 ONU)。通常用于单独家庭用户具有家庭网关功能,相当于带 EPON 上联接口的家庭网关,具有四个以太网接口、一个 WLAN 接口和至少一个 USB 接口,提供以太网/IP 业务,可以支持 VoIP 业务(内置 IAD)或 CATV 业务,支持远程管理口通常应用于 FTTH 的场合。

(3)MDU(多住户单元型 ONU)。通常用于多个住宅用户,具有宽带接入终端功能,具有多个(至少八个)用户侧接口(包括以太网接口、ADSL + 接口或 VDSL2 接口),提供以太网 IP 业务,可以支持 VoIP 业务(内置 IAD)或 CATV 业务,主要应用于 FTTB/FTTC/FTTCab 的场合。

MDU 型 ONU 从外形上分可以分为盒式和插卡式两种。盒式 MDU 型 ONU 一般采用固定的结构,端口数量不可变。插卡式 MDU 的端口数量则可以根据插入的卡的数量而变化。

若根据提供的端口类型来分,MDU 型 ONU 又可以分为以太网接口的 MDU 设备和 DSL 接口的 MDU 设备。

目前,各个厂家商用的盒式以太网接口的 MDU,可以选择的 FE 端口数量为 8/16/24。此类型的 ONU 还内置 IAD(综合接入设备),提供相同数量的 POTS 接口。盒式 DSL 接口的 MDU 设备,可以选择的 ADSL 或者 VDSL 数量一般为 12/16/24/32。

插卡式的 MDU 设备可以灵活地选配各种类型的插卡,因此可以同时提供多种接口。目前商用的插卡式的 MDU 设备可以支持的板卡类型包括以太网板卡、POTS 板卡、ADSL2 + 板卡、VDSL2 板卡、ADSL2 + 与 POTS 集成板卡、VDSL2 与 POTS 集成板卡。插卡式 MDU 设备的端口数量配置灵活,可以支持 8/16/32/64 个以太网接口,16/24/32/48/64 个 ADSL2 + 接口,12/16/24/32 个 VDSL 接口,以及 8/16/24/32/48/64 个 POTS 接口。在实际部署时,以太网接口和 POTS 接口的数量可以相等,也可以不相等。

(4)SBU(单商户单元型 ONU)。通常用于单独企业用户和企业里的单个办公室,支持宽带接入终端功能,具有以太网接口和 E1 接口,提供以太网/IP 业务和 TDM 业务,可选支持 VoIP 业务。通常应用于 FTTO 的场合。可以提供 E1 接口是此类 ONU 的重要标志。一般 SBU 类型的 ONU 可以提供四个以上的 FE 端口,以及四个及以上的 E1 端口。

(5)MTU(多商户单元型 ONU)。通常用于多个企业用户或同一个企业内的多个个人用户,具有宽带接入终端功能,具有多个以太网接口(至少八个)、E1 接口和 POTS 接口,提供以太网/

IP业务、TDM业务和VoIP业务(内置IAD),主要应用于FTTB的场合。同SBU型ONU相比,MTU型ONU的典型特征就是可以提供的以太网端口数和E1端口数较多。一般可以提供8/16个FE端口,以及4/8个E1端口。MTU型的ONU也可以分为盒式和插卡式。

(6)电力ONU。智能电网的概念是指以特高压电网为骨干网架、利用先进的通信、信息和控制技术,构建以信息化、自动化、互动化为特征的统一、坚强、智能化电网。智能电网的基本特征是在大量交互式数据的基础上实现的精细化、智能化管理的电网,重要的特征是能量流和信息流在电力企业和用户间实现双向互动。电网的智能化改造涉及从发电、输电、变电一直到配电、用电整个过程,与电信网络分层结构类似。在电力通信传送网的城域网和骨干层已经开始从传统的SDH方式向PTN/OTN以及ASON(自动交换光网络)转变。但是在配电、用电层面一直尚未找到非常合适的技术。在xPON技术之前,电网的配电和用电的信息采集使用过SDH/MSTP和无线方式。但是这些传统方式价格昂贵,或者安全性不够,不利于大规模推广应用。

(四)无源光纤连接器

1. 光纤光缆

光纤光缆用来把ODN中的器件连接起来,提供OLT到ONU光传输通道,根据应用场合不同,可分为主干光缆、配线光缆和引入光缆,各光缆分布位置如图4-5-4所示。

图4-5-4 光缆分布位置

引入光缆一般为皮线光缆,也称蝶形光缆、"8"字光缆等由光纤、加强件和护套组成,护套一般为黑色和白色,加强件一般为非金属材料。

2. 光纤配线设备

光纤配线设备有光配线架(ODF)、光缆交接箱、接头盒、分纤箱等。

ODF是光缆和光通信设备之间或光通信设备之间的连接配线设备,用于室内。

光缆交接箱(简称光交),它是具有光缆的固定和保护、光缆纤芯的终接功能、光纤熔接接头保护、光纤线路的分配和调度等功能的光连接设备,可安放用于室外。

根据应用场合不同,分为主干光交和配线光交,主干光交用于连接主干光缆与配线光缆;配线光交用于连接配线光缆和引入光缆。

光缆接头盒在线路光缆接续使用,用于室外。盒内有置光纤熔接、盘储装置,具备光缆接续的功能,有立式接头盒和卧式接头盒两种。

分纤箱分为室内分纤箱和室外分纤箱两种,可安装在楼道、弱电竖井、杆路等位置,能满足光纤的接续(熔接或冷接)、存储、分配功能的箱体。具有直通和分歧功能,方便重复开启,多次操作,容易密封。

3. 光纤连接器

(1)光纤活动连接器:主要用于光缆线路设备和光设备之间可以拆卸、调换的连接处,一般用于尾纤的端头。大多数的光纤活动连接器由两个插针和一个耦合管共三部分组成,实现光纤的对准连接。光纤连接器的常见种类如图4-5-5所示。

FC:圆形螺纹头活动连接器。

SC:方形卡接头活动连接器。

ST:圆形卡接头活动连接器。

LC:小方卡接头活动连接器。

（2）光纤现场连接器：分为机械式活动连接器和热熔式活动连接器。现场组装光纤连接器是一种在施工现场采用机械接续方式直接成端的光纤活动连接器，一般用于入户光缆的施工和维护。

（3）光纤机械式接续子：又为冷接子，是以非熔接的机械方式通过光耦合连接两根单芯光纤的装置。通常用于入户光缆的连接和故障修复。

单芯光纤机械式接续子最常使用压接式 V 形槽技术和折射率匹配材料。

（4）无源光分路器。（Passive Optical Splitter，POS）：又称分光器、光分路器，是一个连接 OLT 和 ONU 的无源设备，用于实现特定波段光信号的功率辐合及再分配功能的光无源器件。光分路器可以是均分光，也可以是不均分光。典型情况下，光分路器实现 1∶2 到 1∶64 甚至 1∶128 的分光，如图 4-5-6 所示。

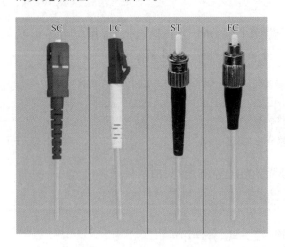

图 4-5-5　光纤连接器类型列举

图 4-5-6　光分路器

无源光分路器的特点是不需要供电，环境适应能力较强。

（五）光分配网（ODN）

ODN 放置在 OLT 和 ONU 之间，分光器是重要器件。一个分光器的分光比为 8、16、32、64、128。

1. ODN 网络结构

光缆子系统由连接光分路器和中心机房的光缆和配件组成。

配线光缆子系统由楼道配线箱，连接楼道配线箱和光分配点的光缆、分光器及光缆连接配件组成。一般不直接入户，从光缆交接箱过来的配线光缆，用光分路器进行分配，完成对多用户的光纤线路分配功能。

引入光缆子系统由连接用户光纤终端插座和楼道配线箱的光缆及配件组成，是直接入户的光缆。

光缆终端子系统是独立的需要设置终端设备的区域，由一个或者多个光纤端接信息插座以及连接到 ONU 的光纤跳线组成，如图 4-5-7 所示。

2. ODN 分光方式

一级集中(或相对集中)分光:分光器集中安装在小区的一个(或几个)光交接箱/间内,别墅(含联排)小区、多层住宅小区。

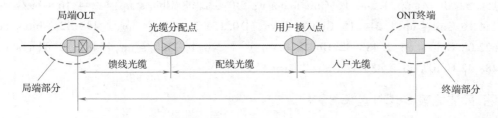

图 4-5-7　光分配网结构

一级分散分光:每栋楼均集中设置一个安装分光器的光交接箱/间,楼内每隔几层设置一个分光器节点,分光器安装在垂直光缆与水平蝶形引入光缆成端的分纤盒内,高层住宅小区。

二级分光:指在小区内设置一个一级分光点,每栋楼内集中设置一个二级分光点,适用于中低层住宅小区,以及采用 FTTH"薄覆盖"方式改造现有住宅小区。

三、GPON 技术概述

(一)概述 GPON 技术

GPON 技术是基于 ITU-TG.984.x 标准的最新一代宽带无源光综合接入标准,具有高带宽、高效率、大覆盖范围、用户接口丰富等众多优点,被大多数运营商视为实现接入网业务宽带化,综合化改造的理想技术。ITU-TG.984.x 标准包括以下一些项目的说明。

G.984.1 GPON 总体特性说明主要包含:GPON 网络参数说明;保护倒换组网要求;建议的接口类型和业务类型。

G.984.2 GPON PMD(Physical Media Dependent)层规格要求 ODN 参数规格要求主要有:2.488 Gbit/s 下行光接口参数规格要求;②1.244 Gbit/s 上行光接口参数规格要求;物理层开销分配。

G.984.3 GPON TC(Transmission Convergence)层规格要求主要包含:GTC(GPON Transmission Convergence,GPON 传输汇聚协议)复用结构及协议栈介绍、GTC 帧结构介绍、GTC 消息(PLOAM)、ONU 注册激活流程、DBA 规格要求、加密和 FEC、告警和性能。

G.984.4 OMCI(ONT Management and Control)接口规格要求包含:OMCI 消息结构介绍、OMCI 设备管理框架、OMCI ANI(上行接口)相关实体说明、OMCI UNI(用户接口)相关实体说明、OMCI 连接管理和流量管理相关实体说明、OMCI 实现原理简述。

(二)GPON 准封装方式

ATM 方式是已有 APON/BPON 标准的一种演进,所有业务流在用户端被封装并被传回中心局。GEM 方式是为 GPON 量身定做的一种封装格式,来源于 SONET/SDH 通用成帧协议 GFP,它能对全业务进行映射并穿越 GPON 网络。GEM 支持以固有格式传输数据,无须附加 ATM 或 IP 封装。GEM 从帧结构而言和其他的数据封装方式类似,但是 GEM 是内嵌在 PON 中

微视频

GPON技术

的,它独立于 OLT 端的 SNI 和 ONU 端的 UNI,只被识别于 GPON 系统内。

(三)GPON 的上下行传输速率

根据 ITU-TG.984.x 标准对 GPON 设备的上下行速率层次进行了说明,各个速率等级如下: ①0.155 52 Gbit/s up,1.244 16 Gbit/s down; ②0.622 08 Gbit/s up,1.244 16 Gbit/s down; ③1.244 16 Gbit/s up,1.244 16 Gbit/s down; ④0.155 52 Gbit/s up,2.488 32 Gbit/s down; ⑤0.622 08 Gbit/s up,2.488 32 Gbit/s down; ⑥1.244 16 Gbit/s up,2.488 32 Gbit/s down; ⑦2.488 32 Gbit/s up,2.488 32 Gbit/s down。

四、简要比较 EPON 与 GPON

(一)GPON/EPON 发展史及发展趋势

GPON 和 EPON 发展历史如图 4-5-8 所示。

详细情况如下:

1995 年,FSAN 联盟成立,目的是要共同定义一个通用的 PON 标准。

1998 年 10 月,ITU-T 以 155 Mbit/s ATM 技术为基础,发布了 G.983 系列 APON(ATMPON)标准。

2000 年底,第一英里以太网联盟(EFMA)成立,提出基于以太网的 PON 概念——EPON。

2001 年初,IEEE 成立第一英里以太网(EFM)小组,开始正式研究包括 1.25 Gbit/s 的 EPON 在内的 EFM 相关标准。

2001 年 1 月,FSAN 开始进行 1 Gbit/s 以上的 PON——GPON 标准的研究。

2001 年底,为了避免人们以为 APON 只能承载 ATM 业务,FSAN 更新网页把 APON 更名为 BPON,即"宽带 PON"。

2003 年 3 月,ITU-T 发布了描述 GPON 标准 G.984.1 和 G.984.2。

2004 年 2 月,ITU-T 发布了 G.984.3 标准。

2004 年 6 月,ITU-T 发布了 G.984.4 标准。

2004 年 6 月,IEEE 发布了 EPON 标准——IEEE 802.3ah。

2009 年 9 月,IEEE 预计发布 10GEPON 标准 IEEE 802.3av。

NGA PON 标准的制定时间表为在 2009 年 Q1 完成 NGA PON 的技术白皮书,包括 NGA1/2 的需求、NGA1 的规范、NGA2 的初期研究。

2010 年之后,视频、游戏等互联网应用飞速发展,用户对网络带宽有强烈的需求。这进一步刺激了 10 Gbit/s PON 的产业链成熟。

2013 年开始,国内运营商就对 10 Gbit/s PON 进行了规模集采和批量部署。随着"千兆宽带"的推广和普及,10 Gbit/s PON 的集采达到了巅峰。

2013 年,IEEE 开始启动 NG-EPON 研究,成立了 IEEE ICCOM 对 NG-EPON 的市场需求、技术方案进行分析。

2015 年 3 月,IEEE 发布了 NG-EPON 技术白皮书。

2015 年 7 月,开始启动 100G-EPON 标准制定,命名为 IEEE 802.3ca。

2018 年 2 月,国内光接入网产业界成功推动了 50G TDM-PON 标准立项,标志着 ITU-T 在下一代 PON 标准研究领域迈出关键一步,也进一步明确了 PON 的未来技术演进路线。GPON 和 EPON 的发展趋势如图 4-5-9 所示。

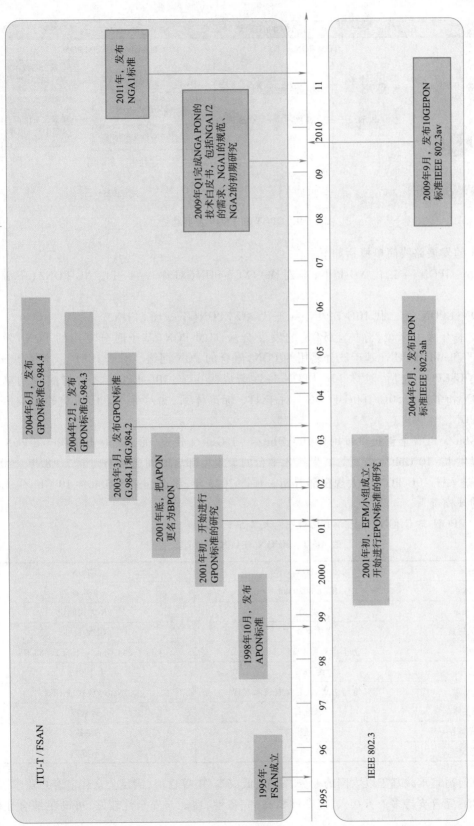

图 4-5-8　GPON 和 EPON 发展历史

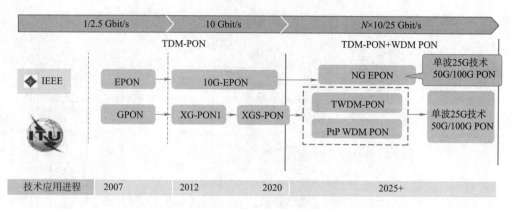

图 4-5-9　GPON 和 EPON 发展趋势

PON 的发展路线简单概括如下：

GPON：GPON → 二代 XG-PON（非对称）/XGS-PON（对称）→ 三代 NG-PON2（下下一代 PON）。

EPON：EPON → 二代 10G-EPON → 三代 NG EPON（下一代 EPON）。

从技术升级上来说，总体上 PON 的发展会从 TDM-PON（基于时分复用的 PON）发展到 TDM-PON 和 WDM-PON（基于波分复用的 PON）融合的 PON 网络。对于 IEEE 标准体系，EPON 演进到 10G-EPON 之后，对称 10G-EPON 将逐渐成为主流；10G-EPON 之后将演进到单波长 25G-EPON 和多波长 50G/100G-EPON。对于 ITU 标准体系，非对称 XGPON1 将逐步演进到对称 XGS-PON。

10 Gbit/s PON 能够提供每用户 100 Mbit/s～1 Gbit/s 带宽，而 25/50/100 Gbit/s PON 可以为用户提供 1～10 Gbit/s 带宽。宽带接入平台的大规模部署时间通常会间隔 7～8 年。2016—2018 年，进入了 10G PON 的大规模部署期。预计 2025 年，将会迎来 5 Gbit/s、10 Gbit/s 光纤接入宽带的规模部署。

（二）EPON 与 GPON 性能简要比较（见表 4-5-1）

表 4-5-1　EPON 与 GPON 性能比较

—	EPON	GPON
标准体系	IEEE 802.3ah	G.984 系列
定时关系	波动	8K 方式固定
链路层封装	以太网格式	GEM 封装
速率	上下行对称 1.25 Gbit/s	上行 1.244 Gbit/s、下行 2.488 Gbit/s
总效率	约 78%	大于 95%
TDM 承载	CES（电路仿真）或者私有技术实现	Native 模式或 CES
推进主体	制造商	运营商
标准完备性	一般	完备
产业链	成熟	不成熟

EPON：适宜承载基于以太网的业务，简单、低成本、中等性能，满足公众住宅客户需求。

GPON：完善支持多业务接入，复杂性稍高，完备性、性能与安全性较好，可满足综合业务接入需求。

任务六　学习 5G 时代 SPN 承载技术

任务描述

中国移动创新推出了 SPN(Slicing Packet Network,切片分组网)技术,分别在物理层、链路层和转发控制层采用创新技术,满足包括 5G 业务在内的综合业务传输网络需要。本任务主要介绍了 SPN 的网络特点、SPN 网络结构、业务组网架构以及 SPN 的主要技术。

任务目标

- 识记:SPN 的特点。
- 领会:SPN 的技术要点。
- 应用:SPN 承载 5G 业务的组网架构。

任务实施

一、了解 SPN 的特点

5G 需要支持三大应用场景:增强移动宽带(eMBB)、海量机器通信(mMTC)以及超高可靠低时延通信(uRLLC)。5G 新场景给传输网带来新挑战,5G 传输网的基础资源、架构、带宽、时延、同步等需求发生很大变化,传输网需要重构。为此,中国移动创新推出了切片分组网(Slicing Packet Network,SPN)技术,分别在物理层、链路层和转发控制层采用创新技术,满足包括 5G 业务在内的综合业务传输网络需要。

微视频●┄┄┄

SPN技术概述

目前国内三大运营商 5G 传输网络中,中国移动采用的是"SPN(切片分组网)",中国联通"采用"智能城域网",中国电信"采用"STN(智能传送网)",因此 SPN 主要应用在移动传输网络中。

SPN 希望充分利用以太网生态链,在光层推动采用以太网化的光接口,在电层与通用电信级以太网应用共享芯片,达到较高的性价比。

SPN 是基于 IP/MPLS/SR、Slicing Ethernet 和波分的新一代端到端分层交换网络,具备业务灵活调度、高可靠性、低时延、高精度时钟、易运维、严格 QoS 保障等属性的传送网络。

SPN 网络具有以下基本技术特征:

(1)基于以太分组、SPN Channel 的分层交换。

(2)集中管理和控制的 SDN 架构。

(3)网络切片:具备在一张物理网络进行资源切片隔离,形成多个虚拟网络,为多种业务提供差异化(如带宽、时延、抖动等)的业务承载服务。

(4)分组层面向连接和面向无连接业务统一承载。

（5）电信级故障检测和性能管理。

（6）高可靠网络保护。

（7）时钟和时间同步机制。

（8）低时延转发：支持网络级三层就近转发和设备级物理层低时延转发能力，匹配时延敏感业务的传送要求。

（9）兼容 PTN 网络。

二、了解 SPN 网络功能架构

（一）SPN 网络分层模型

SPN 网络由切片分组层（SPL）、切片通道层（SCL）、切片传送层（STL），以及频率、时钟同步功能模块和管理、控制平面组成，具体如图 4-6-1 所示。图中的 CBR 业务特指 CES、CEP、CPRI 和 eCPRI 业务。

（1）切片分组层：用于分组业务处理，包括客户业务信号以及对客户业务的封装处理（L2VPN 或 L3VPN）、MPLS-TP 或 SR-TP 隧道处理，以及分组业务与以太网二层 MAC 映射处理。

（2）切片通道层：基于 Slicing Ethernet 技术，提供硬管道交叉连接能力。

（3）切片传送层：用于提供 FlexE 接口以及 802.3 以太物理层编解码和传输媒介处理，其中传输媒介基于以太网 IEEE 802.3 标准，光层支持 DWDM 技术。

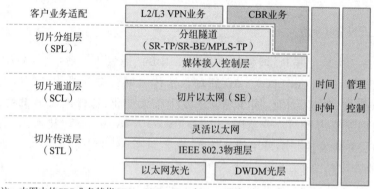

注：本图中的CBR业务特指CES、CEP、CPRI和eCPRI业务。

图 4-6-1　SPN 网络分层模型

SPN 网络分层模型采用了全新的体系，融合了 IP 和传输。为方便理解，可对分层结构与传统网络对比，如图 4-6-2 所示。

（二）SPN 网络层间复用关系

SPN 网络可根据应用场景需要选择复用层次，如图 4-6-3 所示。

①路径是针对以太网本地业务、CPRI 和 eCPRI 业务。

②路径是针对 L2VPN、L3VPN 业务以及 CES/CEP 等电路仿真业务。

③路径主要针对 IEEE 802.3 的以太网 RAW 封装格式的超长帧等业务。

④路径是兼容传统 PTN（分组传送网）的业务映射路径。

⑤路径是将以太网 MAC 直接映射进 OIF FlexE，不进行 SCL 层的切片以太网通道处理。

⑥路径是将以太网 FlexE MAC 作为源宿端点映射进切片通道层（SPN Channel）处理，经过

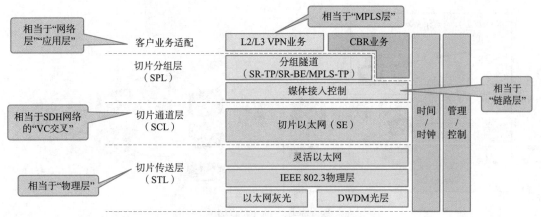

图 4-6-2　SPN 网络分层模型对比

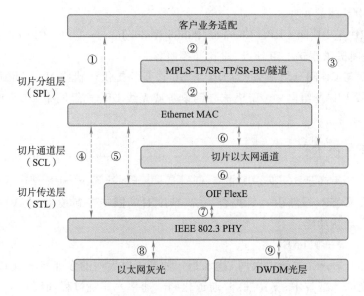

图 4-6-3　SPN 网络的复用层次

SCL 层的 SE 交叉处理,并增加 OAM 和保护机制。

⑦路径是将切片通道层映射进切片传送层的 OIF FlexE 接口,再映射到 IEEE 802.3 PHY (物理层)。

⑧路径是满足 40 km 以内短距离应用场景。

⑨路径是满足大容量、长距离的多波长彩光接口应用场景。

(三)SPN 承载 5G 业务组网架构

SPN 网络按照部署场景分为省际骨干传送网、省内骨干传送网、城域传送网,城域传送网又由核心、汇聚和接入网络构成。

对于 5G 业务承载,SPN 网络需要同时满足无线侧 DRAN(分布式部署)和 CRAN(集中式部署)两种部署方式,以及核心网 MEC(移动边缘计算)分布式下沉部署要求,具体网络结构如图 4-6-4 所示。

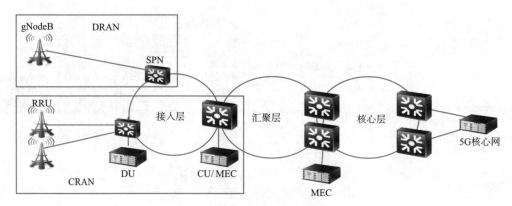

图 4-6-4　SPN 网络结构

RRU—射频拉远单元;5G CN:5G 核心网

CU—集中式单元;DU—分布式单元

SPN 在 5G 中承载的业务如下：

（1）承载 RRU 至 DU 间 CRPI（Common Public Radio Interface）或 eCPRI Enhanced 业务,为 RRU 与 DU 设备间提供逻辑上点到点、树状连接服务。

（2）承载 DU 与 CU 间分组业务,为 DU 与 CU 设备间提供环状或 Mesh（网孔）状连接服务。

（3）承载无线 CRAN 组网中 CU 至核心网设备或无线 DRAN 组网中 gNodeB（5G 基站）至核心网设备间分组业务。

三、掌握 SPN 技术要点

微视频

SPN技术要点

为满足 5G 业务高带宽、低时延、灵活连接需求,SPN 新引入了 FlexE 接口及交叉、SR（段路由）、管控合一、高精度时间同步等新技术,在 PTN 基础上引入了大量新功能。

（一）FlexE

FlexE（灵活以太网）技术是一种基于以太网的多速率子接口在多 PHY 链路上的承载技术,支持捆绑、通道化和子速率。实现过程如图 4-6-5 所示。

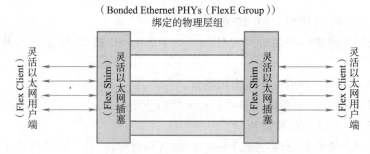

图 4-6-5　FlexE 实现过程

FlexE 包括 FlexE Client（灵活以太网用户端）、FlexE Shim（灵活以太网插塞）和 FlexE Group（灵活以太网组）三部分。每部分功能如下：

（1）FlexE Clients（灵活以太网用户端）：对应于外在观察到的用户接口，为 64B、66B 的以太网码流，支持 $n \times 5G$ 速率。

（2）FlexE Shim（灵活以太网插塞）：Mac/RS 和 PCS/PHY 层之间的子层，完成 FlexE Client 到 FlexE Group 携带内容之间的复用和解复用。

（3）FlexE Group（灵活以太网组）：绑定的一组 FlexE PHY。

SPN 通过 FlexE 技术即可支持更高速率业务提升传输带宽；支持子速率业务传输，提高网络速率；支持不同业务通道化，且物理隔离、互不干扰。

（二）SE 交叉

SE-XC（Slicing Ethernet Cross Connect，切片以太网交叉连接）基于以太网的 L1 通道化交叉技术。切片通道层交叉连接过程如图 4-6-6 所示。

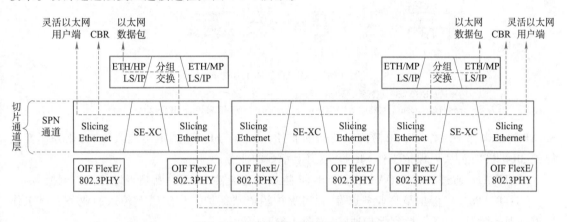

图 4-6-6　切片通道层交叉连接过程

CBR—固定比特率；Slicing Ethernet—切片以太网；MPLS—多协议标签交换；OIF—光互联网络论坛

配合 FlexE 接口，实现端到端的"硬管道"。SE-XC 降低了传统分组交换的业务时延。

（三）SR 技术

段路由（Segment Routing，SR）是基于源路由理念而设计的在网络上转发数据包的一种协议。SR 将网络路径分成多个段，并且为这些段和网络中的转发节点分配段标识 ID。

SPN 支持 SR-TP（段路由传送子集）和 SR-BE 两种隧道：

（1）SR-TP 隧道用于面向连接的、点到点业务承载，提供基于连接的端到端监控运维能力。

（2）SR-BE 隧道用于面向无连接的、Mesh 业务承载，提供任意拓扑业务连接并简化隧道规划和部署。

其中，SR-TP 具体工作原理如图 4-6-7 所示。

①SR-TP 通过 BGP-LS 上报网络拓扑信息：转发器的 IS-IS 协议收集网络拓扑信息，通过 BGP-LS 将网络拓扑信息上报给控制器。

②在控制器上进行 SR-TP 隧道属性配置后，控制器将隧道属性通过 NETCONF 命令下发给转发器，转发器通过 PCEP 协议将隧道托管给控制器进行管理。

③转发器上根据 SR-TP 隧道对应的标签栈，对报文进行标签操作，并根据栈顶标签逐跳查找转发出接口，指导数据报文转发到隧道目的地址。

（四）SR-TP APS

SR-TP APS（Automatic Protection Switching，自动保护切换）是一种网络保护机制，通过保护

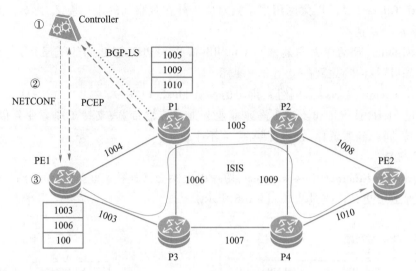

图 4-6-7　SR-TP 具体工作原理

┈┈► 通过BGP-LS上报标签、网络拓扑信息　◄┅┅ 通过PCEP下发标签栈、上报LSP状态
━━► 通过Netconf下发隧道配置信息　　　　──► SR-TP隧道的LSP路径

SR-TP 隧道来保护工作 SR-TP 隧道上传送的业务,当工作 SR-TP 隧道出现故障时,业务倒换到保护 SR-TP 隧道,从而保护工作 SR-TP 隧道上承载的业务。

SR-TP APS 通过 SR-TP OAM 检测 SR-TP 隧道的连通性,从而判断是否进行保护倒换。

SR-TP APS 1:1 保护是将业务选发,通过保护隧道来保护工作隧道上传送的业务。当工作通道出现故障时,业务倒换到保护通道,如图 4-6-8 所示。

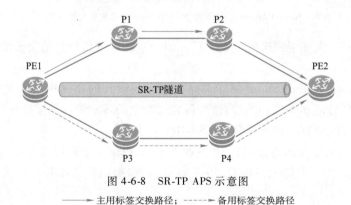

图 4-6-8　SR-TP APS 示意图

──► 主用标签交换路径;┅┅► 备用标签交换路径

（五）FlexE 通道 APS

FlexE 通道 APS（Automatic Protection Switching）即基于 FlexE 通道部署的 APS 保护类型。FlexE 通道 APS 是一种网络保护机制,通过 FlexE 保护通道来保护 FlexE 工作通道的业务,当 FlexE 工作通道出现故障时,业务倒换到 FlexE 保护通道,如图 4-6-9 所示。

FlexE 通道 APS 通过 FlexE 通道 OAM 检测 FlexE 通道的连通性,从而判断是否进行保护倒换。

综上所述,SPN 技术与 PTN 技术一脉相承,尤其在 OAM、QoS、同步等特性方面。传统 PTN 技术参考两个行业标准:《分组传送网（PTN）总体技术要求》（YD/T 2374—2011）、《分组传送网

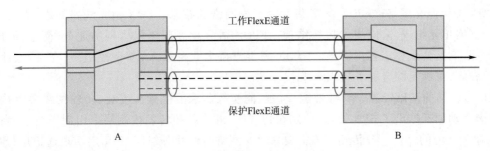

图 4-6-9　SR-TP APS 示意图

（PTN）设备技术要求》（YD/T 2397—2012）。相比 PTN，SPN 重点增加了 SR 和切片，同时还增强了 L3 路由能力，需重点了解的协议为 ISIS 协议、BGP 协议、MPLS 标签动态分配协议及 MPLS VPN 相关协议。

项目小结

SDH 是一种有机地结合了高速大容量光纤传输技术和智能网元技术的同步数字体系。它第一次真正实现了数字传输体制上的世界性标准。它采用了同步复用方式和灵活的复用映像结构，具有标准光接口和强大的网管能力。

SDH 的最基本、最重要的模块信号是 STM-1，其传输速率为 155.520 Mbit/s，相应的光接口线路信号只是 STM-1 信号经扰码后的电/光转换结果，因而速率不变。更高等级的 STM-N 信号可以近似看作是将基本模块信号 STM-1 按同步复用、经字节间插后的结果，其中 N 是正整数。SDH 只能支持一定的 N 值，即 N 为 1、4、16、64 和 256。

同步复用和映像方法是 SDH 最有特色的内容之一，它使数字复用由 PDH 固定的大量硬件配置转变为灵活的软件配置。各种信号复用映像进 STM-N 帧的过程都需要经过映射、定位、复用三个步骤。SDH 网是由一些 SDH 网元（NE）组成的，在光纤上进行同步信息传输、复用、分插和交叉连接的网络。SDH 网络的基本物理拓扑有线状、星状、树状、环状、网孔状五种类型。

光波分复用（WDM）技术就是在一根光纤中同时传输多个波长光信号的技术。一般人们把光载波的波长间隔小于 8 nm 时的波分复用技术称为密集波分复用，大于 8 nm 时称为粗波分复用。

PTN 是一种以分组作为传送单位，承载电信级以太网业务为主，兼容 TDM、ATM 和 FC 等业务的综合传送技术。MPLS 技术是为了综合利用网络核心的交换技术和网络边缘的 IP 路由技术各自的优点而产生的。MPLS 的工作原理是在 MPLS 域外采用传统的 IP 转发方式，在 MPLS 域内按照标签交换方式转发，无须查找 IP 信息。MPLS-TP 是一种从核心网向下延伸的面向连接的分组传送技术。MPLS-TP 充分利用了面向连接 MPLS 技术在 QoS、带宽共享以及区分服务等方面的技术优势。PWE3 是端到端的伪线仿真，又称 VLL 虚拟专线，是一种业务仿真机制。简单来说，就是在分组交换网络中搭建一个"通道"，实现各种业务的仿真及传送。OAM 简称运行管理维护或运维管理。

1998 年，（ITU-T）正式提出了 OTN 的概念。从其功能上看，OTN 在子网内可以全光形式传输，而在子网的边界处采用光—电—光转换。OTN 网络结构由光通道层、光复用段层、光传输段层组成。

PON 即无源光网络。xPON 泛指基于无源光网络的技术。PON 由光线路终端、光合/分路器和光网络单元组成,采用树状拓扑结构。EPON 适宜承载基于以太网的业务,简单、低成本、中等性能,满足公众住宅客户需求。GPON 完善支持多业务接入,复杂性稍高,完备性、性能与安全性较好,可满足综合业务接入需求。

5G 传输网的基础资源、架构、带宽、时延、同步等需求发生很大变化,传输网需要重构。为此,中国移动创新推出了 SPN 技术,分别在物理层、链路层和转发控制层采用创新技术,满足包括 5G 业务在内的综合业务传输网络需要。SPN 网络由切片分组层(SPL)、切片通道层(SCL)、切片传送层(STL),以及频率、时钟同步功能模块和管理、控制平面组成。

💡 拓展学习

自光纤问世以来,光纤通信的发展主要经历了四个发展时期。

第一个时期是 20 世纪 70 年代初期发展阶段,主要解决了光纤的低损耗、光源和光接收器等光器件及小容量的光纤通信系统的商用化。

第二个时期是 20 世纪 80 年代的准同步数字系列(PDH)设备的突破和商用化。这个时期光纤开始代替电缆,数字传输制取代模拟传输制。

第三个时期是 20 世纪 90 年代的通信标准的建立和同步数字系列(SDH)设备的研制成功及其大量商用化。

第四个时期是 21 世纪以来,波分复用(WDM)通信系统设备的突破和大量商用化。

光纤通信技术从最初的低速传输发展到现在的高速传输,已成为支撑信息社会的骨干技术之一,并形成了一个庞大的学科与社会领域。今后随着社会对信息传递需求的不断增加,光纤通信系统及网络技术将向超大容量、智能化、集成化的方向演进,在提升传输性能的同时不断降低成本,为服务民生、助力国家构建信息社会发挥重要作用。

※ 思考与练习

一、填空题

1. SDH 最核心的特点可以概括为_____、_____和_____。

2. _____是指 STM 帧结构中为了保证信息正常灵活传送所附加的字节,这些附加字节主要是供网络运行、管理和维护使用的。

3. SDH 帧结构中安排有两大类不同的开销,即_____和_____,分别用于段层和通道层的维护。

4. 网络的物理拓扑泛指网络的形状,即网络节点和传输线路的几何排列,网络的基本物理拓扑有_____、_____、_____、_____、_____等五类。

5. 光波分复用(WDM)技术就是在一根光纤中同时传输多个波长光信号的技术。其基本原理就是在发送端采用_____,将不同规定波长的信号光载波合并起来送入一根光纤进行传输。在接收端,再由_____将这些不同波长承载不同信号的光载波分开。

6. 为了区别于传统的 WDM 系统,人们把这种波长间隔更紧密的 WDM 系统称为_____系统。

7. 现在商用的 DWDM 系统结构有两种:_____系统和_____系统结构。

8. 光源强度调制的方法主要有两类：_____和_____。

9. PTN 的英文全称是_____。

10. PTN 技术基于_____的架构,继承了 MSTP 的理念,融合了 Ethernet 和 MPLS 的优点。

11. PTN 网络是 IP/MPLS、以太网和_____三种技术相结合的产物。

12. MPLS 域即运行 MPLS 协议的节点范围,包括_____及 LER。

13. 1998 年,国际电信联盟电信标准化部门(ITU-T)正式提出了 OTN 的概念。从其功能上看,OTN 在子网内可以以_____传输,而在子网的边界处采用_____转换。

14. 按照建议 G.872,光传送网中加入光层,光层由_____、_____和_____组成。

15. PON 由_____、光合/分路器和_____组成,采用树状拓扑结构。

16. PON 使用_____技术,同时处理双向信号传输,上、下行信号分别用不同的波长,但在同一根光纤中传送。

17. ODN 的接口适配和控制功能包括两部分:一是_____;二是_____。

18. 目前国内三大运营商 5G 传输网络中,中国移动采用的是_____,中国联通采用_____,中国电信采用_____。

二、判断题

1. 信息净负荷区域就是帧结构中存放各种信息的地方。　　　　　　　　　　（　　）

2. 自愈网不仅涉及重新确立通信,而且具体失效元器件的修复或更换,无须人工干预就能完成。　　　　　　　　　　　　　　　　　　　　　　　　　　　　　（　　）

3. 长距离局间通信一般指局间再生段距离为 15 km 左右的场合,主要适用市内局间通信和用户接入网环境。由于传输距离较近,从经济角度出发,建议两个窗口都只用 G.652 光纤。所用光源可以是 MLM,也可以是低功率 SLM。　　　　　　　　　　　　　（　　）

4. CWDM 的通道间隔为 20 nm,而 DWDM 的通道间隔很窄,一般有 0.2 nm、0.4 nm、0.8 nm、1.6 nm,所以相对于 DWDM,CWDM 被称为粗波分复用技术。　　　　　（　　）

5. CWDM 主要运用在城域网范围内,能够利用大量的旧光缆(G.652 光纤),节省初期投资成本并解决了光纤的资源问题。　　　　　　　　　　　　　　　　　　　（　　）

6. MPLS 的运作原理是为每个 IP 数据包提供一个标记,并由此决定数据包的路径以及优先级。其核心是标记的语义、基于标记的转发方法和标记的分配方法。　　　　　（　　）

7. MPLS 的工作原理是在 MPLS 域外采用传统的 IP 转发方式,在 MPLS 域内按照标签交换方式转发,无须查找 IP 信息。　　　　　　　　　　　　　　　　　　　（　　）

8. 光通道层负责为来自电复用段层的客户信息选择路由和分配波长。为灵活的网络选路安排光通道连接,处理光通道开销,提供光通道层的检测、管理功能。　　　　　（　　）

9. 光复用段层在故障发生时通过重新选路或直接把工作业务切换到预定的保护路由来实现保护倒换和网络恢复。　　　　　　　　　　　　　　　　　　　　　　（　　）

10. ONU 放置位置靠近用户侧。ONU 下行功能是将不同业务解复用。ONU 上行功能是对不同用户终端设备业务进行复用、编码。　　　　　　　　　　　　　　　（　　）

11. ONU 的核心功能模块包括业务的交换、汇聚和转发功能以及 ODN 的接口适配和控制功能。　　　　　　　　　　　　　　　　　　　　　　　　　　　　　（　　）

12. ODN 放置位置于 OLT 和 ONU 之间,分光器是重要器件。（　　）

13. SPN 是基于 IP/MPLS/SR、Slicing Ethernet 和波分的新一代端到端分层交换网络。

（　　）

14. 城域传送网由主干网、核心、汇聚和接入网络构成。（　　）

三、选择题

1. 为了简化横向兼容系统的开发,可以将众多的应用场合按传输距离和所用技术归纳为三种最基本的应用场合,下列(　　)场合是错误的。

    A. 长距离局间通信　　　　　　　　　　B. 短距离局间通信

    C. 局内通信　　　　　　　　　　　　　D. 短距离局内通信

2. 在 DWDM 系统结构中,以下(　　)不是集成式系统的组成器件。

    A. 合波器　　　　　　　　　　　　　　B. 分波器

    C. 光纤放大器　　　　　　　　　　　　D. 波长转换器

3. 在 DWDM 系统结构中,以下(　　)不是开放式系统的组成器件。

    A. 合波器　　　　　　　　　　　　　　B. 分波器

    C. 光纤放大器　　　　　　　　　　　　D. 波长转换器

4. OAM 不包括(　　)功能。

    A. 操作　　　　　　B. 管理　　　　　　C. 维护　　　　　　D. 查询

5. 以下(　　)不是 MPLS-TP 的功能。

    A. 全部基于 IP

    B. 可扩展性

    C. 电信级 QoS 保证、带宽统计复用功能

    D. 强大的 OAM 和网管

6. 以下(　　)不是 OAM 的功能。

    A. 故障管理:如故障检测、故障分类、故障定位、故障通告等

    B. 性能管理:如性能监视、性能分析、性能管理控制等

    C. 自动恢复硬件故障

    D. 保护恢复:如保护机制、恢复机制等

7. (　　)为光信号在不同类型的光传输媒介(如 G.652、G.653、G.655 光纤等)上提供传输功能,同时实现对光放大器或中继器的检测和控制功能等。

    A. 光层　　　　　　　　　　　　　　　B. 光通道层

    C. 光复用段层　　　　　　　　　　　　D. 光传输段层

8. OTU、ODU、OPU 三者的关系以下正确的是(　　)。

    A. OTU > ODU > OPU　　　　　　　　B. OPU > ODU > OTU

    C. ODU > OTU > OPU　　　　　　　　D. ODU > OPU > OTU

9. 光纤光缆用来把 ODN 中的器件连接起来,提供 OLT 到 ONU 光传输通道,根据应用场合不同可以进行分类,以下(　　)不是按照此应用场合分类的。

    A. 主干光缆　　　　　　　　　　　　　B. 配线光缆

    C. 引入光缆　　　　　　　　　　　　　D. 皮线光缆

10. 以下( )不是光纤配线设备。

    A. 光配线架(ODF)　　　　　　　　　　B. 光缆交接箱

    C. 接头盒和分纤箱　　　　　　　　　　D. DDF 配线架

11. ( )的作用是基于 Slicing Ethernet 技术,提供硬管道交叉连接能力。

    A. 切片分组层　　　　　　　　　　　　B. 切片通道层

    C. 切片传送层　　　　　　　　　　　　D. 切片隧道层

四、简答题

1. 简述各种信号复用映像进 STM-N 帧的三个步骤。

2. 中继距离的设计是 SDH 系统设计的关键,请简述目前三种主要的中继距离设计思路。

3. 简述 DWDM 系统所使用的光源的特点。

4. 简述 PTN 网络的特点。

5. G. 709 对 OTUk 的帧格式的定义中 OTUk 由哪几部分构成? 各部分的功能是什么?

6. ODN 的分光方式有哪些?

7. EPON 与 GPON 的应用有什么不同?

8. SPN 的主要技术都有哪些?

9. SPN 网络由三层结构以及频率、时钟同步功能模块和管理、控制平面组成,请说明 SPN 由哪三层结构组成,并简述每一层的作用。

10. 请说明 SPN 网络按照部署场景分为哪些。

实战篇

引言

OTDR(Optical Time Domain Reflectometer,光时域反射仪)是利用光线在光纤中传输时的瑞利散射和菲涅尔反射所产生的背向散射而制成的精密的光电一体化仪表,它被广泛应用于光缆线路的维护、施工之中,可进行光纤长度、光纤的传输衰减、接头衰减和故障定位等的测量。

从发射信号到返回信号所用的时间,再确定光在玻璃物质中的速度,就可以计算出距离。以下公式就说明了 OTDR 是如何测量距离的。

$$D = \frac{c \times t}{2(\mathrm{IOR})}$$

式中,c 是光在真空中的速度,t 是信号发射后到接收到信号(双程)的总时间(两值相乘除以 2 后就是单程的距离),IOR 指光纤折射率。因为光在玻璃中要比在真空中的速度慢,所以为了精确地测量距离,被测的光纤必须要指明 IOR,IOR 由光纤生产商标明。

学习目标

- 掌握光功率计的设置与使用方法。
- 掌握 OTDR 的设置与故障定位方法。
- 掌握光纤熔接机的使用方法。
- 具备独立完成 OTDR 仪表的设置、光谱分析能力和光纤熔接能力。

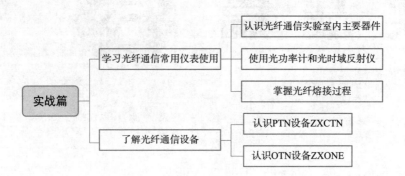

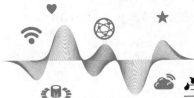

项目五

学习光纤通信常用仪表使用

任务一　认识光纤通信实验室内主要器件

任务描述

　　学生通过本任务的学习,可以了解光纤、跳纤、光纤通信设备及其他配件的外观及作用,对实验室内的器件和设备有更加全面的认识。

任务目标

- 识记:光模块标记的主要参数。
- 领会:光衰减器、光耦合器的应用。
- 应用:光纤跳线类型和应用。

任务实施

一、认识光模块、跳纤

(一)光模块

　　光模块(Optical Module)由光电子器件、功能电路和光接口等组成,光电子器件包括发射和接收两部分。

　　简单地说,光模块的作用就是光电转换,发送端把电信号转换成光信号,通过光纤传送后,接收端再把光信号转换成电信号。

　　光模块主要包括光接收模块、光发送模块、光收发一体模块和光转发模块等。

　　光收发一体化模块的主要功能是实现光电/电光变换,包括光功率控制、调制发送、信号探测、I/U(电流/电压)转换以及限幅放大判决再生功能,此外还有防伪信息查询、

微视频●

认识光纤通信实验内主要器件

119

TX-disable 等功能。常见的封装(通俗地说光模块的封装就是指光模块的外形)形式有 SFP、SFF、SFP +、GBIC、XFP、1x9 等。

光转发模块除了具有光电变换功能外,还集成了很多的信号处理功能,如 MUX/DEMUX、CDR、功能控制、性能量采集及监控等功能。常见的光转发模块有 200/300 pin、XENPAK 及 X2/XPAK 等。

光收发一体模块简称光模块或者光纤模块,是光纤通信系统中重要的器件。光模块外观如图 5-1-1 所示。

光模块拔插方法如下:

(1)核实待更换光模块的走向、位置、线缆种类。

(2)拔下光纤,套上光纤防尘帽,记录光纤的位置。

(3)拔出待更换的光模块,放入防静电袋中,如图 5-1-2 所示。

图 5-1-1　光模块外观

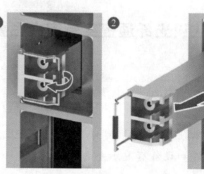

图 5-1-2　拔出光模块

(4)从包装盒中取出新的光模块,根据光模块口的标签确认型号和原来的一致,如图 5-1-3 所示。

(5)插入新的光模块(见图 5-1-4),听到"咔"声表示已经正确插入。

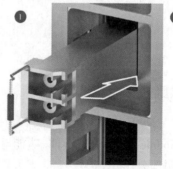

SFP-GE-SX-MM850
1.25G 850nm 550MLC
SN:EB520090125930418

图 5-1-3　光模块标签

图 5-1-4　插入光模块

下面举例说明光模块的标签参数。

图 5-1-5 所示为美国网件光模块的标签。

具体参数含义如下:

SFP:封装模式;LX:长距离 10 km;SM:single mode 单模;1.25 G:传输速率为 1.25 Gbit/s;1 310 nm:波长;20 km:传播距离;eSFP:封装格式;Made In China:产地为中国。

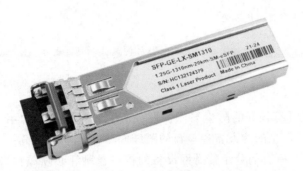

图 5-1-5　光模块标签

图 5-1-6 所示为华为光模块的标签。

图 5-1-6　华为光模块的标签

具体参数含义如下:

XFP:封装类型;STM64:接口标准;LX:长距离传输;SM:单模;1 310 nm:波长;10GBASE:传输速率 10 Gbit/s;LR:长距离。1 310 nm:波长;10 km:传输距离;SMF:单模光纤。

通过以上两个光模块的参数解释可以看出,光模块最主要的参数信息就是封装类型(XFP、SFP、GBIC、GBIC)、传输距离(SX 短距离、LX 长距离、LH 超长距离)、传输模式(SMF 单模、MMF 多模)这几个重要参数。

(二)光纤跳纤

光纤跳线(在实际工作中不分跳纤和尾纤,作为商品出售时会有说明)是指光缆两端都装上连接器插头,用来实现光路活动连接;一端装有插头则称为尾纤。光纤跳线(Optical Fiber Patch Cord/Cable)和同轴电缆相似,只是没有网状屏蔽层,中心是光传播的玻璃芯。在多模光纤中,芯的直径是 50 ~ 65 μm。而单模光纤芯的直径为 8 ~ 10 μm。芯外面包围着一层折射率比芯低的玻璃封套,以使光纤保持在芯内。再外面是一层薄的塑料外套,用来保护封套,多模光纤的塑料外套为橙色,单模光纤的塑料外套为黄色。在机房主要用在光缆终端与设备之间的连接、设备与设备之间的连接,在线路上主要用于交接配线。

主要的跳纤类型及作用如下:

(1)LC-LC 跳纤如图 5-1-7 所示。

图 5-1-7　LC-LC 跳纤

由于目前主流分组传送网设备的业务盘接口的光模块基本上都是 LC 接口,所以 LC-LC 跳纤主要用于同机房内分组传送网设备间短距离跳纤。

（2）LC-FC 跳纤，如图 5-1-8 所示。

图 5-1-8　LC-FC 跳纤

由于 FC 接口的跳纤有较好的防尘与保护性，所以 FC 接口一般常用于可能会对跳纤进行频繁性调整的地方。最常见的为设备接口盘的跳纤成端、户外光交箱等。

在实际工程应用中，所有的分组传送网设备的接口盘跳纤必须成端，即分组传送网设备的接口盘跳纤必须全部连接到 ODF，而 ODF 上一般使用的都是 FC 接口，此时就会应用到 LC-FC 类型跳纤。

（3）FC-FC 跳纤，如图 5-1-9 所示。FC-FC 常用于 ODF 之间跳纤。

图 5-1-9　FC-FC 跳纤

二、认识光衰减器、光纤耦合器、ODF

（一）光衰减器

工程应用中光衰减器简称光衰器，光衰减器是一种非常重要的光纤通信的无源器件，它可按用户的要求将光信号能量进行预期衰减，常用于吸收或反射光功率余量、评估系统的损耗及各种测试中。目前，系列化光衰减器已广泛应用于光通信领域，给用户带来了方便。

光衰减器外观与光纤耦合器外观类似，光衰减器的器件表面有衰减值标识，而光耦合器表面无任何标识。

部分光衰减器可用于光模块与跳纤之间，如图 5-1-10 所示。

图 5-1-10　光衰减器

（二）光纤耦合器

光纤耦合器是光纤与光纤之间进行可拆卸（活动）连接的器件（见图 5-1-11），它是把光纤的两个端面精密对接起来，以使发射光纤输出的光能量能最大限度地耦合到接收光纤中，并使其介入光链路从而对系统造成的影响减到最小。

（三）ODF

光纤配线架（Optical Distribution Frame，ODF）用于光纤通信系统中局端主干光缆的成端和分配，可方便地实现光纤线路的连接、分配和调度。

ODF（见图 5-1-12）内包括多个 ODF 盘（见图 5-1-13），每个 ODF 盘内有尾纤和光纤耦合器

（实际工程中一般称为法兰头）。尾纤又称为尾线，只有一端有连接头，而另一端是一根光缆纤芯的断头，通过熔接与其他光缆纤芯相连，常出现在光纤终端盒内，用于连接光缆与光纤收发器（之间还用到耦合器、跳纤等）。

图 5-1-11　光纤耦合器

图 5-1-12　ODF

图 5-1-13　ODF 盘

ODF 的主要作用为分组传送网设备的接口盘跳纤成端以及光缆成端。将光缆与 ODF 内的尾纤进行焊接后，光缆就会成端到 ODF 上。同理，分组传送网设备的接口盘端口跳纤连接至 ODF 盘内的光纤耦合器上就形成了接口盘成端。

任务二　使用光功率计和光时域反射仪

任务描述

光功率计和光时域反射仪都是光纤通信故障检查和定位的常用设备，本任务主要介绍这两种设备的设置方法和在实际工程中的用法。

任务目标

- 识记：光功率计的线缆连接方法。
- 领会：光时域反射仪的故障定位原理。
- 应用：使用光功率计进行测试，使用光时域反射仪测量光纤长度、定位故障。

任务实施

工具准备:光功率计、光源、跳纤、OTDR 仪表。

一、掌握光功率计的使用方法

(一)线缆连接

微视频

光功率计的
使用

操作步骤如下:

(1)确认需要测量的光源端口。

(2)使用一根跳纤连接光功率计与光源接口,如图 5-2-1 所示。

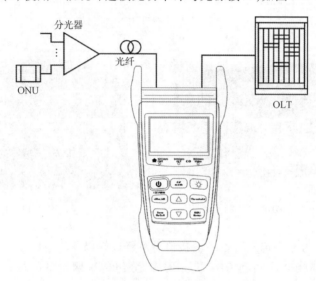

图 5-2-1　光功率测试连接图

(二)设备开机

(1)按下光功率计的开机按钮,按下 ON/OFF 键后设备将开启,并自动进行初始零点校准,如图 5-2-2 所示。

(2)查看光功率显示,PON 功率计可同时测量 PON 网络中的上行信号 1 310 nm、下行数据信号 1 490 nm 和下行视频信号 1 550 nm 的输出功率。开机后,屏幕上就同时显示三个信道的实测功率值,如果显示 LO 表示输入光信号强度过低,显示 HI 表示输入光信号过强。每个信道的极限参数参考仪表的详细参数,如图 5-2-3 所示。

图 5-2-2　设备开机

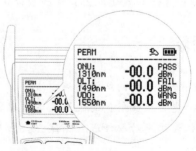

图 5-2-3　光功率显示

（3）判断线路是否符合通信要求，按 F/P mode（快速/标准模式切换）键，如果满足线路设计规范中的功率指标，屏幕上相对应的波长功率值后就会显示 PASS 表示通过。如果实测功率即将失去通信，则显示 WRNG 表示警告即将不能通信。如果信号太小甚至没有信号，则显示 FAIL 表示通信失败，不能连接。在屏幕下方同样有三个指示灯表示三个信道的情况，绿色表示 PASS，橙色表示 WRNG，红色表示 FAIL，如图 5-2-4 所示。

（三）参数设置

（1）设置光功率计的光功率参考值。参考值的设置一般用于测量实际线路前，预先去除不计算在实际线路损耗中的衰减值，或用于比对与设置标准功率的差异。REF/Enter 键用于设置或查看参考值。短按此键屏幕将显示所设置的 dBm 值。当长按此键达 2 s 或以上时，设备会将当前测量值覆盖原来的设置值（同时设置三个波长的参考值），并作为新的参考值。同时蜂鸣器发出提示音，之后将显示实际测量的相对差值。dBm/dB 按键可以切换"相对值/绝对值"显示，如图 5-2-5 所示。

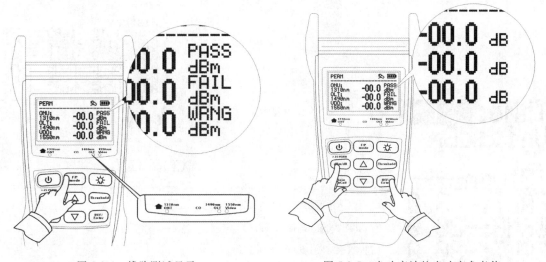

图 5-2-4 线路测试显示　　　　　　图 5-2-5 光功率计的光功率参考值

（2）设置阈值。阈值的设置用于快速检测线路是否能够达标，以确定线路是否可用。按 Threshold 键用于设置或查看阈值。继续按此键后仪表显示存储菜单，当再次按此键后仪表退回测试界面，并且把当前阈值编号所设置的数据作为快速判断测量的参考值，如图 5-2-6 所示。

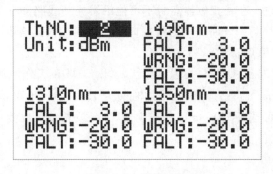

图 5-2-6 阈值显示

进入阈值设置菜单后光标默认停留在阈值编号上,首先选择需要设置或修改的阈值编号,通过 REF/Enter 键来选择。仪表可以设置 10 组阈值信息。

选定阈值编号后,可通过上下键来设置相对应的参数,每个信道有三个参数,以 1 310 nm 为例(见图 5-2-7),参数含义如下:

光标移动到相对应的参数后,按 REF/Enter 键,可移动到每一位数据,再通过上下键修改数据后按 REF/Enter 键直到整条数据变为光标,即表示修改成功。设置完成后按 Threshold 键退回测量界面。

(四)测量及数据存储

测量数据的存储用于记录一些重要的测量数据,以便于测量后的分析。在测量界面的情况下,按 Save ReCall 键,即可存储当前的测量数据,仪表可以存储 10 条数据,存满后会自动覆盖第一条数据,依此类推循环存储。需要查看存储数据时按两次 Threshold 键,显示如图 5-2-8 所示的菜单,菜单中记录着历史数据。按上下键可以翻页。再次按下 Threshold 键,退回测量界面。

ThNo: 1   阈值序号,选择不同的阈值设置

Unit:dBm   阈值单位

1310nm---- 被设置波长
FALT: 3.0   上门限(表示超过此功率不可通信)
WRNG:-20.0 下门限警告(表示即将不可通信)
FALT:-30.0 下门限(表示低于此功率不可通信)

图 5-2-7　参数说明　　　　　图 5-2-8　数据存储

● 微视频

光时域反射仪的使用

二、使用 OTDR 测量光纤长度

当某段线路发生中断故障时,需要对故障点进行简单定位,然而一条线路都是数千米长,在寻找故障点时不可能沿着光缆线路勘察下去,OTDR(光时域反射仪)直接判断光纤断点至测量端口间的距离。根据这段距离,故障处理人员可快速定位故障点。

工具准备:OTDR、光缆、尾纤、跳纤。OTDR 工作电源为 5 V 电池可靠供电,测量范围:500 m ~ 240 km 可自适应选择,平均时间为 15 s ~ 3 min 可供选择,脉冲宽度为 30 ~ 300 ns、1 ~ 2.5 μs,波长可选 1 550 nm 波长或 1 310 nm 波长。可以测量光纤长度、光纤的传输衰减、接头衰减和故障定位。

(一)实验前的准备

(1)检查光缆两端有无光源;有光源须通知实验协助员关闭两侧设备光源,无光源可直接测试。

（2）检查设备接口是否良好且无异物,有异物须用酒精棉擦拭干净。

（3）通知实验协助人员取下需要测量光纤并记录光纤序号。

（二）OTDR 仪表测量准备

（1）准备测试仪。

（2）连接光纤前确认设备电源处于关闭状态。

（3）开机检查确认电源充足,设备状态完好。

（三）OTDR 仪表操作

（1）打开电源开关,进入设备主菜单。

（2）连接尾光纤至设备上端 OTDR 接口处并拧紧接头,如图 5-2-9 所示。

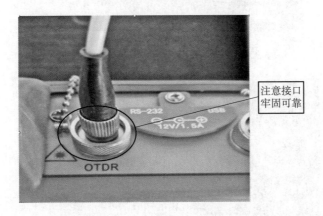

图 5-2-9　连接尾光纤至设备

（3）测试实验前检查设备参数信息设置(可选择自动模式),如图 5-2-10 所示。

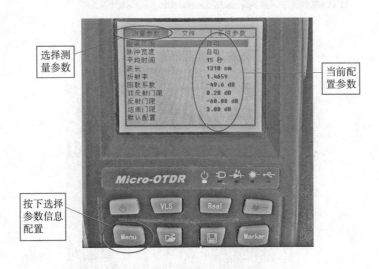

图 5-2-10　检查设备参数设置

（4）按测试键开始测试,如图 5-2-11 所示。

（5）查看并记录测试结果,如图 5-2-12 所示。

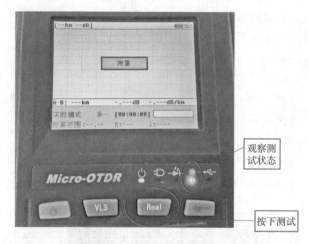

图 5-2-11 按下 Real 键测试

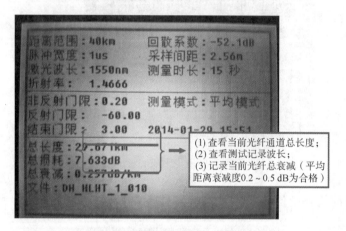

图 5-2-12 试验参数记录

（6）按保存键保存，并输入存储的名称，如图 5-2-13 所示。

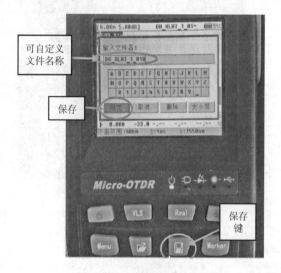

图 5-2-13 保存试验参数

（四）试验现场整理

（1）通知实验协助员取下光纤恢复原状。

（2）整理仪器设备，清理试验现场。

三、使用 OTDR 进行故障定位

当遇到的光纤故障不是中断而是光功率异常时，需要对 OTDR 光谱进行细致分析，寻找故障原因，定位故障点。

工具准备：OTDR 仪表、光缆、尾纤、跳纤。

（一）设置 OTDR 仪表参数

根据不同厂家型号的 OTDR，按参数设置要求进行人工参数的设置。实验步骤如下：

（1）设置波长（λ）：因不同的波长对应不同的光线特性（包括衰减、微弯等），测试波长一般遵循与系统传输通信波长相对应的原则，即系统开放 1 550 nm 波长，则测试波长为 1 550 nm。

（2）设置脉宽（Pulse Width）：脉宽越大，动态测量范围越大，测量距离越长，但在 OTDR 曲线波形中产生的盲区更大；短脉冲注入光能量低，但可减小盲区。脉宽周期通常以 ns 来表示。

（3）设置测量范围（Range）：OTDR 测量范围是指 OTDR 获取数据取样的最大距离，此参数的选择决定了取样分辨率的大小。最佳测量范围为待测光纤长度的 1.5~2 倍。

（4）设置平均时间：由于后向散射光信号极其微弱，一般采用统计平均的方法来提高信噪比，平均时间越长，信噪比越高。例如，平均时间 3 min 获得取样比 1 min 获得取样提高 0.8 dB 的动态。但超过 10 min 的获得取样时间对信噪比的改善并不大。一般平均时间不超过 3 min。

（5）设置光纤参数：其设置包括折射率和后向散射系数的设置。折射率参数与距离测量有关，后向散射系数则影响反射与回波损耗的测量结果。这两个参数通常由光纤生产厂家给出。

（二）测量 OTDR 仪表数据

（1）在 ODF 侧找到光缆成端端口。

（2）用双圆尾纤连接待测试光缆和 OTDR 输入端口。

（3）在 OTDR 上选择自动测试，并启动测试。

（4）测试曲线稳定后，对测试结果进行记录。

（三）分析 OTDR 仪表数据

1. 正常曲线分析

正常曲线如图 5-2-14 所示。

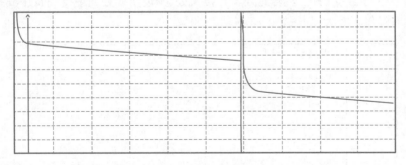

图 5-2-14　正常曲线

判断曲线是否正常的方法：

（1）曲线主体斜率基本一致,且斜率较小,说明线路衰减常数较小,衰减的不均匀性较好。

按照标准 YD/T 901—2001 的规定,B1.1 和 B4 类单模光纤的衰减系数应符合表 5-2-1 所示的规定。

表 5-2-1　B1.1 和 B4 类单模光纤的衰减系数

光 纤 类 别	B1.1			B4	
使用波长/nm	1 310	1 550	1 6××	1 550	1 6××
衰减系数最大值/(dB/km)	0.36 0.40	0.22 0.25	0.32 0.35	0.22 0.25	0.32 0.35

注:当光纤要在 L 波段使用时,才对 1 6×× nm 衰减有要求。(1 6×× nm≤1 625 nm)

（2）衰减不均匀性要求:在光纤后向散射曲线上,任意 500 m 长度上的实测衰减值与全长上平均每 500 m 的衰减值之差的最坏值应不大于 0.05 dB。

（3）衰减点不连续性要求:对 B1.1 类单模光纤,在 1 310 nm 波长挡位,连续光纤长度上不应有超过 0.1 dB 的不连续点;在 1 550 nm 波长,连续光纤长度上不应有超过 0.05 dB 的不连续点;对 B4 类单模光纤,在 1 550 nm 波长,连续光纤长度上不应有超过 0.05 dB 的不连续点。

①无明显"台阶",说明线路接头质量较好,一般要求接头损耗(双向平均值)≤0.1 dB/个。

②尾部反射峰较高,说明远端成端质量较好。

2.异常曲线分析

（1）曲线有大台阶,如图 5-2-15 所示。

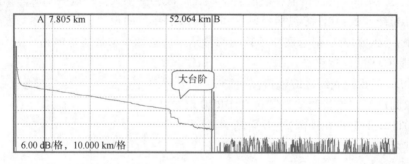

图 5-2-15　大台阶

图 5-2-15 中有明显"台阶",若此处是接头处,则说明此接头接续不合格或者该根光纤在融纤盘中弯曲半径太小或受到挤压;若此处不是接头处,则说明此处光缆受到挤压或打急弯。

（2）曲线有段斜率较大,如图 5-2-16 所示。

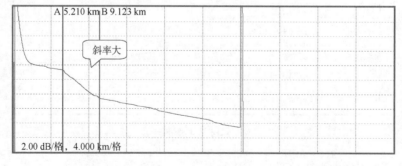

图 5-2-16　斜率较大

图 5-2-16 中的曲线斜率明显较大,说明此段光纤质量不好,衰耗较大。

(3)曲线远端没有反射峰,如图 5-2-17 所示。

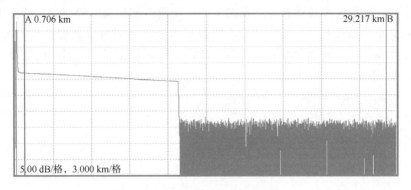

图 5-2-17　远端没有反射峰

图 5-2-16 中的曲线尾部没有反射峰,说明此段光纤远端成端质量不好或者远端光纤在此处折断。

(4)幻峰(鬼影)的识别与处理,如图 5-2-18 和图 5-2-19 所示。

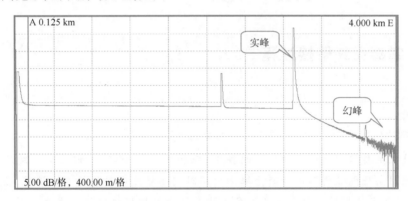

图 5-2-18　实峰与幻峰(一)

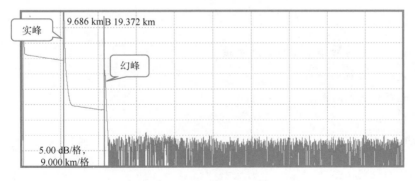

图 5-2-19　实峰与幻峰(二)

幻峰(鬼影)的识别:曲线上鬼影处未引起明显损耗(见图 5-2-18);沿曲线鬼影与始端的距离是强反射事件与始端距离的倍数,成对称状(见图 5-2-19)。

消除幻峰(鬼影):选择短脉冲宽度、在强反射前端(如 OTDR 输出端)中增加衰减。若引起

鬼影的事件位于光纤终结,可"打小弯"以衰减反射回始端的光。

（5）正增益现象处理。在 OTDR 曲线上可能会产生正增益现象,如图 5-2-20 所示。正增益是由于在熔接点之后的光纤比熔接点之前的光纤产生更多的后向散光而形成的。事实上,光纤在这一熔接点上是熔接损耗的。常出现在不同模场直径或不同后向散射系数的光纤的熔接过程中,因此,需要在两个方向测量并对结果取平均作为该熔接损耗。在实际的光缆维护中,接头平均损耗≤0.08 dB。

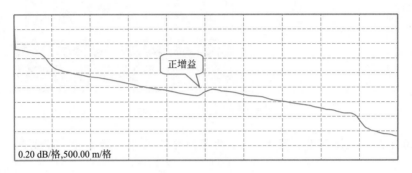

图 5-2-20　正增益现象

任务三　掌握光纤熔接过程

任务描述

光纤熔接机主要用于光通信中光缆的施工、维护和应急抢修,所以又称光缆熔接机。一般工作原理是利用高压电弧将两光纤断面熔化的同时用高精度运动机构平缓推进,让两根光纤融合成一根,以实现光纤模场的耦合。本任务主要介绍光纤熔接机的使用方法。

任务目标

- 识记:光纤熔接过程中应该注意的事项。
- 领会:光纤熔接机的组成。
- 应用:光纤熔接的过程。

任务实施

一、了解光纤熔接机组成

（一）光纤的准直与夹紧机构

光纤的准直与夹紧结构由精密 V 形槽和压板构成。精密 V 形槽的作用是使一对光纤不产生轴偏移。

（二）光纤的对准机构

要对准两条光纤，每条光纤需要六个自由度。将光纤在准直与夹紧机构内的一段光纤作为对象分析，并把光纤的放置方向定为 Z 方向，即有以下六个自由度影响光纤的位置：X、Y、Z 三个方向的平移自由度和绕 X、Y、Z 三个方向旋转的自由度。

微视频•·······

光纤熔接过程

（三）电弧放电机构

熔接机的电弧放电由两根电极完成。熔接机的放电电流和放电时间均可以调节。

（四）电弧放电和电机驱动的控制机构

驱动机构由丝杠和步进电动机构成。为了实现光纤的对准过程，使 V 形槽可以在 X、Y、Z 三个方向平动。

二、掌握光纤熔接具体过程

（一）剥光纤

（1）使用光纤剥线钳剥除 2 cm 左右的光纤被覆，光纤剥线钳上有三个钳孔，孔径尺寸由大至小分别用于剥除光纤的塑料保护层、光纤的被覆以及树脂涂层。在剥除时，注意将光纤置于刀孔正中间，防止光纤折断或扭曲；此外，光纤应尽量保持平直，避免过度弯曲裸光纤，从而导致光纤变形影响熔接参数。剥线钳可以适度倾斜，方便快速剥除被覆。

（2）用蘸有酒精的脱脂棉擦净光纤，去除光纤表面的被覆残留。擦拭时应注意避免重复污染，擦拭干净后不能再触碰裸光纤。

（二）切光纤

通常用光纤切割刀切断光纤，光纤切割刀的截面如图 5-3-1 所示。将清洁后的裸光纤放置在光纤切割刀（见图 5-3-2）中较小的 V 形槽中（如果固定端有被覆，应置于较大槽内），涂覆层的前端对齐切割刀刻度尺 16～12 mm 之间的位置，保持光纤与刀片垂直。切断后的裸光纤不能再触碰或者切割。注意：光纤碎屑要统一集中处理。

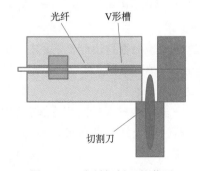

图 5-3-1 光纤切割刀的截面

图 5-3-2 光纤切割刀实物图

（三）熔接光纤

（1）打开光纤熔接机的防风盖，将处理好的光纤放置于熔接机的 V 形槽中。注意：放置光纤时手尽量不触碰光纤和熔接机核心部件，而且两端光纤不能伸过尖端电弧，否则熔接时出现"距离错误"，正确放置方式如图 5-3-3 所示。光纤平整放置后，盖好防风盖和顶盖。

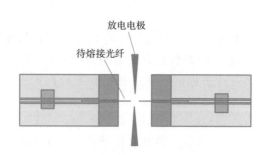

图 5-3-3　熔接机截面图和正确放置光纤的方法

（2）按 AUTO 键,熔接机开始自动熔接。从屏幕中可以看到,熔接机将两根光纤在水平和垂直两个方向进行准直和方位对准(X、Y 方向),然后进行距离调整。若两端面放置距离过大,则熔接机将会停止熔接并发出警告。若光纤在 V 形槽内时碰触到边缘或处理不干净时,往往会在光纤端面处沾有灰尘,熔接机将使用瞬间电弧放电清除端面灰尘,然后再做端面检查,若仍留有灰尘,同样会有错误提示。

（3）光纤熔接完成后,数据会自动保存,同时显示损耗系数,按"张力测试"按钮,张力测试完成后,打开防风盖取出光纤,注意用力不能过猛防止刚熔接上的光纤断点裂开。

（4）关闭熔接机电源,清理光纤碎屑。

项目小结

简单地说,光模块的作用就是光电转换,发送端把电信号转换成光信号,通过光纤传送后,接收端再把光信号转换成电信号。光模块最主要的参数信息就是封装类型（XFP、SFP、GBIC、GBIC）,传输距离（SX 短距离、LX 长距离、LH 超长距离）,传输模式（SMF 单模、MMF 多模）。

在多模光纤中,芯的直径是 50 ~ 65 μm。而单模光纤芯的直径为 8 ~ 10 μm。多模光纤的塑料外套为橙色,单模光纤的塑料外套为黄色。在实际工程应用中,常用的跳纤类型有 LC-LC 跳纤、LC-FC 跳纤、FC-FC 跳纤。

使用光功率计进行测量时的步骤主要包括线缆连接、设备开机、参数设置、测量及数据存储。

OTDR 仪表可以用来测量光纤断点至测量端口间的距离。根据这段距离,故障处理人员可快速定位故障点。当遇到的光纤故障不是中断而是光功率异常时,需要对 OTDR 光谱进行细致的分析,寻找故障原因,定位故障点。

光纤熔接的过程可以概括为剥光纤、切光纤、熔光纤。其中在熔光纤过程中,将处理好的光纤放置于熔接机的 V 形槽中。注意:放置光纤时手尽量不触碰光纤和熔接机核心部件,而且两端光纤不能伸过尖端电弧,否则熔接时出现"距离错误"。

—— 拓展学习 ——

仪器仪表不仅在通信行业发挥着重要作用,还广泛用于钢铁、石油、化工、航空航天、汽车等各行各业,是工业生产的"倍增器",是科学研究的"先行官",是军事上的"战斗力",是现代生活的"物化法官",是"中国智造"的关键和核心,同时也是建设世界科技强国的基石。作为计量测试的手段,仪器仪表是提升我国计量测试水平最重要的环节。

我国仪器仪表产业发展面临的挑战:我国仪器仪表发展规模虽然不断扩大,但是一直存在基础研究相对薄弱、产品可靠性和稳定性相对较低、以中低端产品为主等问题,高端仪器仪表、核心零部件等长期依赖进口。

我国仪器仪表产业发展面临的机遇:在全球化、世界经济中心东移的大背景下,面对近几年复杂多变的大环境的持续影响,我国仪器仪表发展中可能会出现各种不确定性。由于我国将增强内循环建设,内需拉动将成为仪器仪表产业发展的主要动力,同时新基建也将推动仪器仪表技术的发展。

※ 思考与练习

一、填空题

1. 简单地说,光模块的作用就是_____,发送端把_____转换成_____,通过光纤传送后,接收端再把_____转换成_____。

2. 光模块最主要的参数信息包括_____、_____和_____。

3. 光衰耗器(光衰减器)是一种非常重要的光纤通信的无源器件,它可按用户的要求将光信号能量进行预期地_____,常用于吸收或反射光功率余量、评估系统的损耗及各种测试中。

4. _____是光纤与光纤之间进行可拆卸(活动)连接的器件,它是把光纤的两个端面精密对接起来,以使发射光纤输出的光能量能最大限度地耦合到接收光纤中,并使其介入光链路从而对系统造成的影响减到最小。

5. 光功率计开机后,屏幕上就同时显示三个信道的实测功率值,如果显示 LO 表示_____,显示 HI 表示_____。

二、判断题

1. 使用光功率计判断线路是否符合通信要求时,按下 F/P mode 键如果满足线路设计规范中的功率指标,屏幕上相对应的波长功率值后就会显示 PASS 表示通过。（　　）

2. 使用 OTDR 仪器时,在测量界面的情况下,按 Threshold 键,即可存储当前的测量数据。（　　）

3. 光纤剥线钳上有三个钳孔,孔径尺寸由大至小分别用于剥除光纤的塑料保护层、光纤的被覆以及树脂涂层。（　　）

4. 在进行光纤切割时,将清洁后的裸光纤放置在光纤切割刀中较小的 V 形槽中,涂覆层的前端对齐切割刀刻度尺 16～12 mm 之间的位置。保持光纤与刀片垂直。切断后的裸光纤可以反复切割。（　　）

5. 光纤熔接过程中将处理好的光纤放置于熔接机的 V 形槽中。注意:放置光纤时手尽量不触碰光纤和熔接机核心部件,而且两端光纤不能伸过尖端电弧。（　　）

三、简答题

1. 简述光功率计参数设置步骤。
2. 简述光功率计数据存储和查看的步骤。
3. 简述使用 OTDR 仪表进行数据测量的步骤。

4. 简述光纤熔接的操作过程。

5. 简述更换光模块的过程。

6. 请列举至少五个光模块常见的标注参数，并说明其含义。

7. 请列举常用的光纤跳线的类型及使用场景。

8. 简述 ODF 的作用及应用场景。

9. OTDR 仪器在使用前需要确认哪些内容？

10. 简述 OTDR 仪表数据测量的主要步骤。

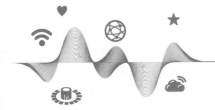

项目六

了解光纤通信设备

任务一 认识 PTN 设备 ZXCTN

任务描述

中兴 ZXCTN 系列产品是中兴通讯顺应电信业务 IP 化发展趋势,推出的新一代 IP 传送平台产品。本任务学习 ZXCTN 系列产品的参数、类型及特点。

任务目标

- 识记:中兴 ZXCTN 系列产品名称。
- 领会:中兴 ZXCTN 系列产品参数。
- 应用:中兴 ZXCTN 系列产品在传输网络中的使用。

任务实施

一、ZXCTN 系列产品参数

中兴 ZXCTN 系列产品以分组为内核,实现多业务承载,为客户提供 Mobile Backhaul 以及 FMC(固网与移动网的融合)端到端解决方案,并致力于为客户降低网络建设和运维成本,助力运营商实现网络的平滑演进。

ZXCTN 系列产品主要参数见表 6-1-1。

微视频 ●·····

PTN设备
ZXCTN系列
产品介绍

表 6-1-1　ZXCTN 系列产品

图　　示	主　要　参　数
	6110/6120 ● 接入容量:5 Gbit/s; ● 业务接口:TDM E1、IMA E1、FE、GE; ● 设备功率:45 W Max、典型功率 30 W (6110)110 W Max(6120); ● 设备尺寸:1U,442 mm(W) ×43.6 mm(H) ×225 mm(D)

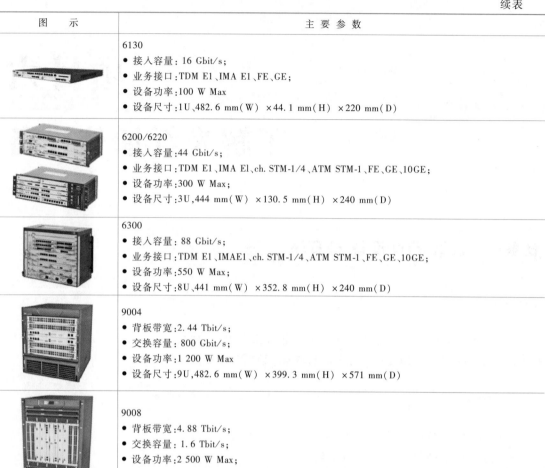

图 示	主 要 参 数
	6130 ● 接入容量: 16 Gbit/s; ● 业务接口:TDM E1、IMA E1、FE、GE; ● 设备功率:100 W Max ● 设备尺寸:1U、482.6 mm(W)×44.1 mm(H)×220 mm(D)
	6200/6220 ● 接入容量:44 Gbit/s; ● 业务接口:TDM E1、IMA El、ch. STM-1/4、ATM STM-1、FE、GE、10GE; ● 设备功率:300 W Max; ● 设备尺寸:3U、444 mm(W)×130.5 mm(H)×240 mm(D)
	6300 ● 接入容量: 88 Gbit/s; ● 业务接口:TDM E1、IMAE1、ch. STM-1/4、ATM STM-1、FE、GE、10GE; ● 设备功率:550 W Max; ● 设备尺寸:8U、441 mm(W)×352.8 mm(H)×240 mm(D)
	9004 ● 背板带宽:2.44 Tbit/s; ● 交换容量: 800 Gbit/s; ● 设备功率:1 200 W Max ● 设备尺寸:9U、482.6 mm(W)×399.3 mm(H)×571 mm(D)
	9008 ● 背板带宽:4.88 Tbit/s; ● 交换容量: 1.6 Tbit/s; ● 设备功率:2 500 W Max; ● 设备尺寸:20U、482.6 mm(W)×888.2 mm(H)×560 mm(D)

分组传送网主要应用在本地网或城域网中,定位于业务控制层以下的业务传送,构建高质量的城域多业务承载网络,主要用来提供高品质分组业务以及 TDM 业务等多业务的传送。具体主要包括 2G、3G、4G、5G、LTE 的基站回传业务。

出于简化网络结构和管理的考虑,典型的分组传送网络可划分为核心层、汇聚层、接入层三级结构。

ZXCTN 系列产品在网络中的具体位置分布情况如图 6-1-1 所示。

ZXCTN 6000 系列产品主要定位于网络的接入汇聚层,面对业务网络承载需求的复杂性和不确定性,融合了分组与传送技术的优势,采用分组交换为内核的体系架构,集成了多业务的适配接口、同步时钟、电信级的 OAM 和保护等功能,在此基础上实现以太网、ATM 和 TDM 电信级业务处理和传送。

ZXCTN 6000 系列包括 ZXCTN 6100、6110、6120、6200、6300 系列产品。

ZXCTN 9000 系列目前包括 ZXCTN 9008、ZXCTN 9004 两款产品。ZXCTN 9000 系列产品主要定位于网络的汇聚核心层。

ZXCTN 6500 系列目前包括 ZXCTN 6500-8、6500-16L、6500-32。其中 6500-16L、6500-32 和 ZXCTN 9000 系列一起组成网络的汇聚核心层。

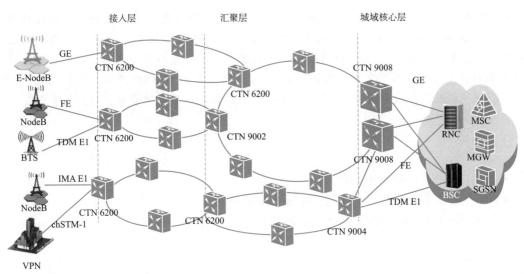

图 6-1-1 ZXCTN 系列产品在网络中的具体位置分布情况

二、ZXCTN 系列产品特点

ZXCTN 系列产品作为中兴传输网络的主力产品特点如下：

（1）多业务的统一接入和承载，包括 IP、TDM、ATM/FR/DDN、Ethernet 等。

（2）通过 PWE3 技术实现传统业务的兼容和面向连接的业务传送，满足传统业务电信级承载要求，实现网络的平滑演进和过渡。

（3）支持硬件级高性能 OAM 检测机制，实现全网业务的端到端性能监控、流量监控、保护恢复、统计与告警、统一网管管理、简易运维，最大限度降低运营成本支出，打造绿色运维网络。

（4）采用最新工艺设计，接入汇聚层终端体积小、功耗极低，绿色产品。

（5）电信级设计、设备级保护、端口和链路层保护、端到端业务和隧道层保护，具备大量业务和流量下 50～200 ms 的故障保护恢复能力。其中，分组网络内部的保护在 50 ms 以内，分组设备与其他网络对接保护在 200 ms 以内。

（6）全面支持同步以太网和 1588 时钟同步，实现时间系统的地面网络同步，逐步实现 GPS 的替代。

（7）全面支持 MPLS-TP 以及 IP/MPLS，通过网管图形化管理进行业务运维和管理，所见即所得，简化分组传送以及多业务承载网管理，满足简单运维的需求。

（8）同时支持 L2（层二）业务交换、L3（层三）IP 路由、IP 组播、MPLS 特性，通过路由控制平面实现业务和管理，统一网管支撑，实现接入汇聚、核心全网的解决方案。

（9）采用电信级分组信元的架构和 IP 软件协议栈，支持基本 IPv6 协议。

任务二 认识 OTN 设备 ZXONE

任务描述

IP 业务的迅猛增长和网络拓扑的日益复杂，要求传送网络能够实现业务端到端的快速开

通,并且具备多业务颗粒接入、多方向调度的能力;同时数据网络的扁平化和移动网络的 IP 化进一步给传送网络带来了更大容量的调度需求。中兴通讯大容量交叉设备——ZXONE 8300/8500 产品,支持基于 ODUk(光通路数据单元)的大容量电层交叉和基于波长的光层交叉,满足各种类型和颗粒度的业务调度需求。本任务主要介绍 ZXONE 8300/8500 产品的硬件组成,包括机柜、子架、板卡以及各类板卡的功能,简单介绍中兴 NetNumen™ U31 网管平台的主要特点。

🜂 任务目标

- 识记:ZXONE 8300/8500 硬件构成。
- 领会:中兴 NetNumen™ U31 网管平台的主要特点。
- 应用:ZXONE 8300/8500 板卡及主要功能。

🜂 任务实施

一、配置 ZXONE 8300/8500 机柜子架

微视频

OTN设备
ZXONE产
品介绍

(一)配置传输子架

ZXONE 8300/8500 产品的硬件结构包括机柜、子架、单板等。ZXONE 8300/8500 机柜采用中兴通讯传输设备机柜,机柜设计符合 ETSI(欧洲电信标准协会)标准,机柜采用前后立柱,前门单开门方式。ZXONE 8300/8500 的典型配置是2.2 m 高的 ETSI 300 mm 机柜,一个 2.2 m 高的 ETSI 300 mm 机柜中可选配置见表 6-2-1。

表 6-2-1　子架配置表

—	ZXONE 8300	ZXONE 8300	ZXONE 8500
配置方式	3 × CX20 交叉子架 + 1 × 传输子架	1 × CX30 交叉子架 + 2 × 传输子架	1 × CX50 交叉子架 + 1 × 传输子架
	2 × CX20 交叉子架 + 2 × 传输子架	4 × 传输子架	4 × 传输子架
	1 × CX20 交叉子架 + 3 × 传输子架		
	4 × 传输子架		

ZXONE 8300/8500 产品以子架为基本工作单位,子架采取独立供电。子架包含传输子架和电交叉子架两大类。传输子架应用 10U 子架,满足 ETSI 机架的安装要求如图 6-2-1 所示。

传输子架支持 28 个半高槽位(14 个全高槽位)用于插放业务单板,另有 2 个电源板槽位和 2 个子架接口单元。槽位的特点描述如下:

(1)槽位 1 和 2:固定放置 SNP 单板。

(2)槽位 3:可插放 SOSC 单板。如果未配置 SOSC 单板,则可插放其他单板。

(3)槽位 30 和 32:固定插放 PWE 单板。

(4)槽位 29 和 31:固定插放 CCP 单板。

(二)交叉子架配置

ZXONE 8300/8500 的交叉子架根据交叉容量的不同分为单层或多层子架,其中 CX20、CX30 子架属于 ZXONE 8300 产品,CX50 子架属于 ZXONE 8500 产品。

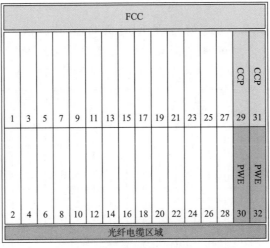

图 6-2-1　传输子架

1. CX20 交叉子架

CX20 交叉子架为 10U 子架，满足 ETSI 机架的安装要求，子架共 10 个 40 Gbit/s 业务槽位，5 个 80 Gbit/s 业务槽位，2 个交叉板槽位，2 个子架控制板（CCP）槽位，2 个电源板（PWD）槽位。子架结构图 6-2-2 所示。

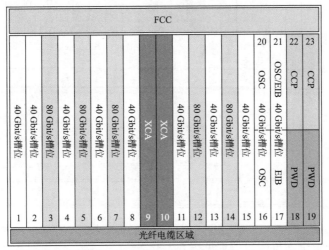

图 6-2-2　CX20 交叉子架结构

CX20 交叉子架各个槽位配置信息见表 6-2-2。

表 6-2-2　CX20 交叉子架各个槽位配置信息

单 板 名 称	指 定 槽 位	备　　注
FCC（风扇板）	子架顶端	—
PWD（电源板）	18、19	单 CX20 交叉子架必须配置 2 块
CCP（子架管理）	22、23	单 CX20 交叉子架必须配置 2 块
XCA（交叉板）	9、10	单 CX20 交叉子架必须配置 2 块
40 Gbit/s 业务槽位	见图 6-2-2	40 Gbit/s 业务槽位推荐插 40 Gbit/s 背板带宽以下的业务单板，如 LQ2、LD2、CQ2、CH1、CQ1。如果插 80 Gbit/s 背板带宽的单板，只能使用该单板的一半的端口
80G 业务槽位	见图 6-2-2	80 Gbit/s 业务槽位兼容所有业务单板

2. CX30 交叉子架

CX30 交叉子架为 20U 高双层子架,满足 ETSI 机架的安装要求。子架共 20 个 40 Gbit/s 业务槽位、10 个 80 Gbit/s 业务槽位、4 个交叉板槽位、2 个子架控制板(CCP)槽位、2 个时钟板(CLK)槽位、4 个电源板(PWD)槽位,子架结构如图 6-2-3 所示。

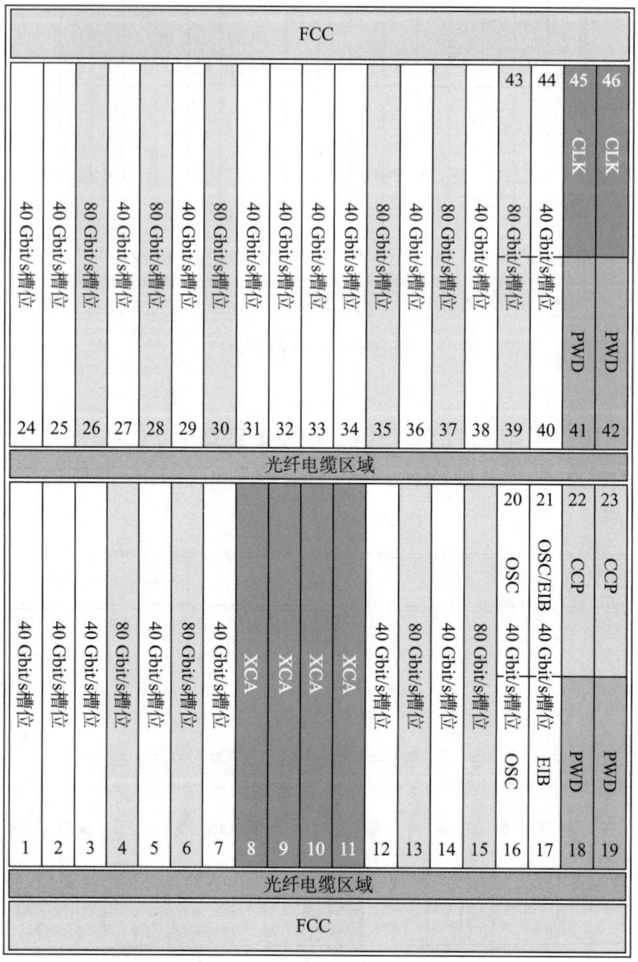

图 6-2-3 CX30 交叉子架结构

CX30 交叉子架各个槽位配置信息见表 6-2-3。

表 6-2-3 CX30 交叉子架槽位配置信息

单 板 名 称	指 定 槽 位	备　　　注
FCC(风扇板)	子架顶端和底端	—
PWD(电源板)	18、19、41、42	单 CX30 交叉子架必须配置 4 块
CCP(子架管理)	22、23	单 CX30 交叉子架必须配置 2 块
XCA(交叉板)	8、9、10、11	单 CX30 交叉子架必须配置 4 块
CLK(时钟板)	45、46	单 CX30 交叉子架必须配置 2 块
40 Gbit/s 业务槽位	见图 6-2-3	40 Gbit/s 业务槽位推荐插 40G 背板带宽以下的业务单板,如 LQ2、LD2、CQ2、CH1、CQ1。如果插 80G 背板带宽的单板,只能使用该单板的一半的端口
80 Gbit/s 业务槽位	见图 6-2-3	80 Gbit/s 业务槽位兼容所有业务单板

3. CX50 交叉子架

CX50 交叉子架(见图 6-2-4)应用 30U 子架,满足 ETSI 机架的安装要求。子架共 40 个 80 Gbit/s 业务槽位,6 个交叉板槽位,4 个子架控制板(CCP)槽位,2 个时钟板(CLK)槽位,6 个电源板(PWD)槽位。其中 16、17、20、21 为 2 个 40 Gbit/s 业务槽位,可插业务单板,以后可升级支持半高 OSC 或 EIB 单板。1、2、3、62、63、66、67 为预留槽位。

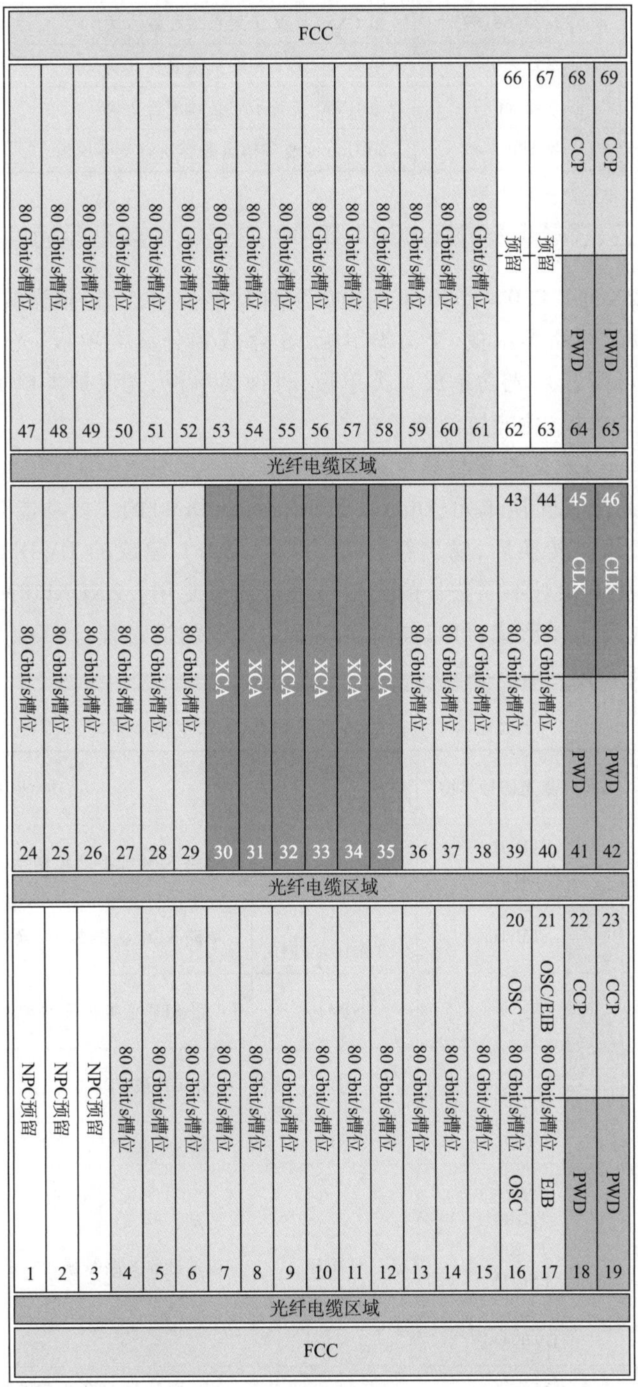

FCC

																	66	67	68	69
																			CCP	CCP
80 Gbit/s槽位	80 Gbit/s槽位	80 Gbit/s槽位	80 Gbit/s槽位	80 Gbit/s槽位	80 Gbit/s槽位	80 Gbit/s槽位	80 Gbit/s槽位	80 Gbit/s槽位	80 Gbit/s槽位	80 Gbit/s槽位	80 Gbit/s槽位	80 Gbit/s槽位	80 Gbit/s槽位	80 Gbit/s槽位	预留	预留	PWD	PWD		
47	48	49	50	51	52	53	54	55	56	57	58	59	60	61	62	63	64	65		

光纤电缆区域

																	43	44	45	46
																			CLK	CLK
80 Gbit/s槽位	80 Gbit/s槽位	80 Gbit/s槽位	80 Gbit/s槽位	80 Gbit/s槽位	80 Gbit/s槽位	XCA	XCA	XCA	XCA	XCA	XCA	80 Gbit/s槽位	80 Gbit/s槽位	80 Gbit/s槽位	80 Gbit/s槽位	80 Gbit/s槽位	PWD	PWD		
24	25	26	27	28	29	30	31	32	33	34	35	36	37	38	39	40	41	42		

光纤电缆区域

																	20	21	22	23
															OSC	OSC/EIB			CCP	CCP
NPC预留	NPC预留	NPC预留	80 Gbit/s槽位	80 Gbit/s槽位	80 Gbit/s槽位	80 Gbit/s槽位	80 Gbit/s槽位	80 Gbit/s槽位	80 Gbit/s槽位	80 Gbit/s槽位	80 Gbit/s槽位	80 Gbit/s槽位	80 Gbit/s槽位	80 Gbit/s槽位	OSC	EIB	PWD	PWD		
1	2	3	4	5	6	7	8	9	10	11	12	13	14	15	16	17	18	19		

光纤电缆区域

FCC

图 6-2-4　CX50 交叉子架

CX50 交叉子架各个槽位配置信息见表 6-2-4。

表 6-2-4　CX50 交叉子架各个槽位配置信息

单 板 名 称	指 定 槽 位	备　　注
FCC（风扇板）	子架顶端和底端	
PWD（电源板）	18、19、41、42、64、65	单 CX50 交叉子架必须配置 6 块
CCP（子架管理）	22、23、68、69	单 CX50 交叉子架必须配置 4 块
XCA（交叉板）	30 ～ 35	单 CX50 交叉子架必须配置 6 块
CLK（时钟板）	45、46	单 CX50 交叉子架必须配置 2 块
80 Gbit/s 业务槽位	见图 6-2-4	80 Gbit/s 业务槽位兼容所有业务单板

●微视频

ZXONE产品常用单板及网管系统

二、了解 ZXONE 8300/8500 主要单板类型及特点

ZXONE 8300/8500 系列提供多种功能类单板，包括光波长转换类单板、支路类单板、线路类单板、交叉类单板、光合波和分波类单板，光分插复用类单板（固定及可配置），光功率放大类单板，时钟类单板，光保护类单板，系统控制、监控与通信类单板，性能监测类单板等。

（一）光波长转换类单板

光波长转换单元（Optical Transponder Unit）的主要功能是将接入的一路或多路客户侧信号经过汇聚或转换后，输出符合 ITU-T G.694.1 建议的 DWDM（密集型光波复用）标准波长，以便于合波单元对不同波长的光信号进行波分复用。ZXONE 8300/8500 系列的所有波长转换单元均为收发一体形式，可以同时实现上述过程的逆过程。ZXONE 8300/8500 系列产品涉及的此类单板及参数见表 6-2-5。

表 6-2-5　光波长转换类单板及其主要功能

单　　板	客户侧接口最大数量	客户侧光信号类型	线路侧光信号类型	功 能 描 述
SOTU2.5G	1	STM-16 I1	I1	单路 STM 业务波长转换板
OTUF	1	STM-16	I1 STM-16 + FEC	单路 STM 业务波长转换板
SRM42	4	STM-1 STM-4	STM16	4 路 STM 业务汇聚波长转换板
SDSA	2	GE FC100	I1	2 路 GE 或 FC100 业务汇聚波长转换板
DSAF	2	GE	I1	2 路 GE 业务汇聚波长转换板
DSA	8	GE FC100 FC200 ESCON FICON DVB-ASI	STM-16	双发选收 8 路数据业务汇聚波长转换板
SRM41	4	STM-16	I2	4 路 STM-16 业务汇聚波长转换板

续表

单　　板	客户侧接口最大数量	客户侧光信号类型	线路侧光信号类型	功 能 描 述
FCA	8	GE FC100 FC200 FC400	I2	8 路 GE 或 8 路 FC100/4 路 FC200/2 路 FC400 业务汇聚波长转换板
MOM2	8	GE STM-16 FC100 FC200	I2	支持 GE/STM-16/FC100/FC200 业务的混合接入
TS2C	1	STM-64 10GE-LAN 10GE-WAN 10G POS,I2 FC1200	I2/2e	单路 10 Gbit/s 信号波长转换板
TD2C	2	STM-64,10GE-LAN, 10GE-WAN 10G POS,I2 FC1200	I2/2e	双路 10 Gbit/s 信号波长转换板
TS2CP	1	STM-64 10GE-LAN 10GE-WAN 10G POS I2 FC1200	I2/2e	单路 10 Gbit/s 信号波长转换板,支持线路侧 1 + 1 双发选收保护
MQA1	4	100 Mbit/s 2. 67 Gbit/s	I1	4 路任意速率信号汇聚板,2.5 Gbit/s 速率。可与 MJA 配合使用,通过背板交叉扩展客户侧接入业务数量。支持分布式交叉,DX41 子架专用
MQA2	4	1. 25 Gbit/s 4. 25 Gbit/s	I2	4 路任意速率信号汇聚板,10 Gbit/s 速率。可与 MJA 配合使用,通过背板交叉扩展客户侧接入业务数量。支持分布式交叉,DX41 子架专用
MJA	6	100 Mbit/s 4. 25 Gbit/s		6 路任意速率信号接口板。与 MQA1 和 MQA2 配合使用,扩展客户侧接口数量。支持分布式交叉,DX41 子架专用
ASMA	25	GE 10GE	I2	双路选收,24 路 GE + 1 路 10GE,二层交换板
SOTU10G	1	STM-64 10GE-LAN 10GE-WAN 10G POS I2 FC1200	I2/I2e	10 Gbit/s 业务波长转换板
EOTU10G	1	STM-64 10GE-LAN 10GE-WAN 10G POS I2 FC1200	I2/I2e	10 Gbit/s 业务波长转换板

145

续表

单　　板	客户侧接口最大数量	客户侧光信号类型	线路侧光信号类型	功　能　描　述
EOTU10GB	1	STM-64 10GE-LAN 10GE-WAN 10G POS I2 FC1200	I2/I2e	10 Gbit/s 业务波长转换板
TST3	1	STM-256 40G POS I3	I3	40 Gbit/s 业务波长转换板

（二）支路类单板

ZXONE 8300/8500 系列产品涉及的支路类单板及其主要功能见表 6-2-6。

表 6-2-6　支路类单板及其主要功能

单板	客户侧接口最大数量	客户侧光信号类型	功　能　描　述
CS3	1	STM-256 40G POS 40GE	实现 1 路 40 Gbit/s 光信号与 1 路 ODU3/3e2 电信号之间的相互转换
CQ2	4	STM-64 10GE-LAN 10GE-WAN 10G POS OTU2 FC800 FC1200	实现 4 路 10 Gbit/s 光信号与 4 路 ODU2/2e 电信号之间的相互转换
CO2	8	STM-64 10GE-LAN 10GE-WAN 10G POS I2 FC800 FC1200	实现 8 路 10 Gbit/s 光信号与 8 路 ODU2/2e 电信号之间的相互转换
CH1	16	STM-1 STM-4 GE STM-16 FC100 FC200 FC400 ESCON DVB-ASI OTU1	实现 16 路任意速率光信号与 16 路 ODU0 或 16 路 ODU1 或 8 路 ODUflex 电信号之间的相互转换

（三）线路类单板

ZXONE 8300/8500 系列产品涉及的线路类单板及其主要功能见表 6-2-7。

表 6-2-7　线路类单板及其主要功能

单板	线路侧接口最大数量	线路侧光信号类型	功能描述
LS3	1	I3/3e2	将交叉板送来的 32 路 ODU0 信号或 16 路 ODU1 或 4 路 ODU2/2e 或 1 路 ODU3 映射到 I3/3e2,并转换成符合 ITU-T G.694.1 建议的 DWDM 标准波长。同时可以实现上述转换过程的逆过程。支持 ODU0/1/2/2e/flex 的混合传送
LD2	2	I2/2e	将交叉板送来的 16 路 ODU0 信号或 8 路 ODU1 或 2 路 ODU2/2e 映射到 I2/2e,并转换成符合 ITU-T G.694.1 建议的 DWDM 标准波长。同时可以实现上述转换过程的逆过程。支持 ODU0/1/flex 的混合传送
LQ2	4	I2/2e	将交叉板送来的 32 路 ODU0 信号或 16 路 ODU1 或 4 路 ODU2/2e 映射到 I2/2e,并转换成符合 ITU-T G.694.1 建议的 DWDM 标准波长。同时可以实现上述转换过程的逆过程。支持 ODU0/1/flex 的混合传送
LO2	8	I2/2e	将交叉板送来的 64 路 ODU0 信号或 32 路 ODU1 或 8 路 ODU2/2e 映射到 I2/2e,并转换成符合 ITU-T G.694.1 建议的 DWDM 标准波长。同时可以实现上述转换过程的逆过程。支持 ODU0/1/flex 的混合传送

（四）交叉类单板

ZXONE 8300/8500 的 OTN 电交叉功能由 XCA 单板实现,XCA 单板支持 ODU0/1/2/2e/3/3e2/flex 信号的电层业务集中调度。最大可以支持 3.2 Tbit/s 的 ODU0/1/2/2e/3/3e2/flex 信号的交叉调度容量。

（五）光合波和分波类单板

光合波和分波单元的主要功能是将不同波长的光信号进行合波或分波处理,并且提供合路光的在线监测。ZXONE 8300/8500 中的合/分波单元包括以下单板:

（1）OMU:合波板。

（2）ODU:分波板。

（3）VMUX:预均衡合波板,合波数为 C 波段 40 或 48 波,L 波段 40 波。利用 AWG/ + VOA（可调光衰耗器）技术,在合波前,调节各通道的衰减量。

（4）OCI:光合分波交织板,利用光梳状滤波器（Interleaver）完成 C 波段或 L 波段的信道交织复用和解复用功能。

完成 100 GHz 间隔的 C100_1 和 C100_2 子波段信道与 50 GHz 间隔的 C50_1 子波段信道的交织复用和解复用。

（1）C100_1 子波段:191.3 ~ 196.0 THz（共 48 波）。

（2）C100_2 子波段:191.35 ~ 196.05 THz（共 48 波）。

完成 100 GHz 间隔的 L100_1 和 L100_2 子波段信道与 50 GHz 间隔的 L50_1 子波段信道的交织复用和解复用。

（1）L100_1 子波段:187.0 ~ 190.9 THz（共 40 波）。

（2）L100_2 子波段:186.95 ~ 190.85 THz（共 40 波）。

ZXONE 8300/8500 系列产品涉及的合波单板及参数见表 6-2-8。

表 6-2-8　ZXONE 8300/8500 合波单板及参数

单板类型	OMU8	OMU16	OMU32	OMU40		OMU48		OMU80	
合波数量	8	16	32	40		48		80	
合波器类型	耦合器	耦合器	耦合器	耦合器	AWG	耦合器	AWG	耦合器	AWG
工作波长	C 波段	C 波段	C 波段	C 波段	C/C + 波段	C 波段	C/C + 波段	C 波段	C/C + 波段

其中耦合器型 OMU 仅用于 ROADM 配置。

ZXONE 8300/8500 系列产品涉及的分波单板及参数见表 6-2-9。

表 6-2-9 ZXONE 8300/8500 分波单板及参数

单 板 类 型	ODU40	ODU48	ODU80
分波数量	40	48	80
合波器类型	AWG	AWG	AWG
工作波长	C/C + 波段	C/C + 波段	C/C + 波段

（六）静态光分插复用类单板

静态光分插复用单元用于从合波光信号中分插出固定波长的信号（具体波长根据用户的要求定制），同时将本地加入的信号复用进合波光信号。

ZXONE 8300/8500 中的静态光分插复用单元包括：

SOAD4：用于上/下 4 路波长信号，或者通过级联实现最多 8 路波长信号的分插复用。

（七）动态光分插复用类单板

动态光分插复用类单板的主要功能是从合波光信号中分插出任意的单波光信号，送入光波长转换单元；同时将从光波长转换单元发送的任意单波光信号复用进合波光信号。

动态光分插复用类单板包括下列单板：

（1）WBM：波长阻断复用板。

（2）WSUA：4 端口/9 端口波长选择开关型合波板。

（3）WSUD（MD8A1）：波长选择开关型合分波板。

（4）WSUD（E9）：波长选择开关型分波板。

（5）PDU：5 端口/9 端口功率分配单元。

动态光分插复用类单板的各单板主要功能如下：

（1）WBM：实现 40 波内业务波长的动态上下、穿通、阻断，实现业务波长的二维动态调度功能。

（2）WSUA：用于上路合波，实现不同端口上波长的选择复用。

（3）WSUD（MD8A1）：实现任意波长到任意端口的动态可配置的分波功能，同时与 OMU 配合实现上路合波功能，用于提供业务波长的二维动态调度功能。

（4）WSUD/E9：实现任意波长到任意端口的动态可配置的分波功能，与 PDU 和 WSUA 配合实现业务波长的多维动态调度功能。

（5）PDU：完成业务信号在 5 个方向/9 个方向的广播功能，配合 WSUA 和 WSUD 实现任意波长到任意方向/任意端口的动态配置功能。

（八）光功率放大类单板

光纤放大器单元的主要功能是对合波光信号进行功率放大，以延长光信号的传输距离。光纤放大器单元包括下列单板：

（1）SEOBA：增强型光功率放大板。

（2）SEOPA：增强型光前置放大板。

（3）SEOLA：增强型光线路放大板。

（4）EONA：增强型光节点放大板。

（5）EOBAH：高功率光功率放大器。

（6）EONAH：高功率光节点放大器。

（7）DRA：分布式拉曼放大器。

（8）LACT/LACG：线路衰减补偿板。

根据线路光功率检测的情况，通过网管调整 LAC 板中的电可调光衰减器（EVOA），以保证在运行过程中各跨段的功率点、接收端的接收功率和 OSNR（光信噪比）维持正常值。

LAC 板的工作波长范围为 C 波段或 L 波段；固有插损小于 2 dB；EVOA 的调节范围为 2 ~ 26 dB；调节精度为 0.5 dB，调节步长为 0.2 dB。它支持输入光功率和输出光功率检测。

LAC 板包括 LACG 板和 LACT 板 2 种类型：

（1）LACG 板：配置 2 个 EVOA，适用于 OLA、OADM 和背靠背的 OTM 站点。

（2）LACT 板：配置 1 个 EVOA，适用于单端 OTM 站点。

配置有增益平坦滤波器（GFF）的 LAC 板能补偿因受激拉曼散射（SRS）效应造成的 DWDM 光谱倾斜，改善系统传输性能。

由于目前普遍推广的 EONA 单板已经内置了 VOA，所以 LACG 单板仅配置于短距离传输跨段使用 SDMR + SEOBA 的情况下。单板类型、位置及功能见表 6-2-10。

表 6-2-10　单板类型、位置及功能

单板类型	位置	功能
SEOBA	终端复用设备（OTM）或中继设备的发射光源后	用于提高发送功率，延长传输距离
SEOLA	不需要色散补偿的光复用段的中间	将 EDFA（掺铒光纤放大器）直接插入光纤传输链路中对信号进行放大。一个光复用段可以根据需要，配置多个 SEOLA
SEOPA	光复用段的末尾，光接收设备前	对经过线路衰减后的弱信号进行预放大，提高进入接收机的光信号功率，以满足接收机接收灵敏度的要求
EONA	光复用段的中间或末端，光接收设备前	将 EDFA 直接插入光纤传输链路中对信号进行放大，增益可大范围调整，以适应不同的中继距离需求。可在中间级插入 DCM 模块进行色散补偿
EOBAH	终端复用设备（OTM）或中继设备的发射光源后	用于提高发送功率，延长传输距离，具有更高的输出功率
EONAH	光复用段的中间	将 EDFA 直接插入光纤传输链路中对信号进行放大，增益可大范围调整，以适应不同的中继距离需求。可在中间级插入 DCM 模块进行色散补偿；具有更高的输出功率
DRA	光复用段的始端、中间和末端	同 EDFA 配合使用，可以实现长距离、宽带宽、低噪声、分布式的在线信号光放大

（九）时钟类单板

时钟类单板的主要功能是提供系统时钟，传送时钟信息，保证网元的时钟同步。时钟类单板包括下列单板：

1. CLK（系统时钟板）

时钟类单板的主要功能如下：

提供时钟的统一处理,对于 SDH 类业务提供全网同步时钟,支持外接 BITS 时钟的导入和导出功能。

时钟处理单元导出的时钟满足 G.813 标准对时钟的性能要求,包括时钟准确度、抖动、噪声、MTIE(最大时间间隔误差)、TDEV(时间偏差)性能指标。

2. TIS(时间接口板)

TIS 单板提供时间/时钟的处理,同时提供 2 Mbit 或 2 MHz 的时钟接口。TIS 单板需要与 SOSCB 单板配合使用。

(十)光保护类单板

光保护单元提供光层的网络保护。

ZXONE 8300/8500 的保护类单板有 SOP(紧凑型光通道保护单板),其主要功能如下:

(1)包括单路通道保护和双路通道保护两种类型,用于实现光复用段线路 1+1 保护和光通道层 1+1 保护功能。

(2)SOP 板根据接收光功率、来自网管的手工倒换/恢复设置命令或来自网管的自动保护倒换(APS)外部命令(遵循 G.841 标准),执行保护倒换或恢复操作。

(十一)系统控制、监控与通信类单板

系统控制与通信单元的主要功能是协同网络管理系统对设备的各单板进行管理,并实现设备之间的相互通信。系统控制与通信单元是设备的控制中心。

系统控制与通信单元包括:

(1)SNP:紧凑型主控板,完成控制、通信和协议处理功能,负责本网元内所有单板的通信。

(2)SCC:紧凑型通信控制板,实现网元内部各子架单板之间的管理、控制消息的路由和转发功能。

(3)SEIA:紧凑型扩展接口板,用于将子架的各种对外接口、级联接口等引出至面板以便于连接。

(4)CCP:子架控制板,配置于交叉子架,实现与 SNP(紧凑型主控板)单板之间的信息转发。

(十二)光监控信道类单板

光监控信道单元的主要功能是实现监控系统中网元之间 ECC(错误检查编码)数据、公务与透明用户通道数据、APS(自动保护倒地)信息的传递和交换。

ZXONE 8300/8500 的光监控信道单元由 SOSCB 单板实现。

(十三)性能监测类单板

性能检测类单板包括:

(1)OPM:光性能检测板,完成各光信道光性能的监测功能,测量每个光通路的参数,如光功率、中心波长和光信噪比,并将相应数据上报网管系统,支持在网管上显示光谱图形。每块 OPM 板可以完成 4 路光信号的性能检测。

(2)OWM:光波长监控板,监控合波后光通道中心频率漂移情况,并将频率调整信息发送至主控板。每块 OWM 板可完成双向 C 波段 80 波或双向 L 波段 80 波系统的波长控制。

三、了解网管系统

NetNumen™ U31(BN)网管系统是 ZTE 众多专业网管系统中的一员,针对全系列承载网设备进行统一管理和维护的网管产品。

可管理中兴 SDH、MSTP、WDM、CTN、OTN、ASON、Router、Switch 所有设备和业务通过与设备紧密配合,向客户提供完整的网络解决方案。

NetNumen™ U31(BN)网管产品支持 CORBA、TL1、SNMP、FTP/SFTP、XML 等北向接口,提供与第三方厂商设备的统一管理;通过和专业软件供应商合作,共同向客户提供全面的管理解决方案。

(一)先进的软件架构

网管软件架构如图 6-2-5 所示。

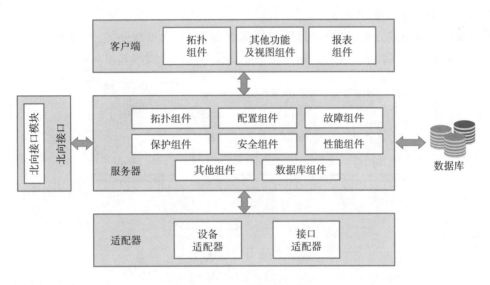

图 6-2-5　网管软件架构

基于 UEP(United Effort Plan,联合工作计划)统一软件框架,中兴所有网络管理系统采用统一软件框架,操作习惯和界面风格一致,减轻软件操作成本。瘦客户端设计客户端负载较轻,有效降低客户端硬件配置插件化设计理念,某个插件故障不影响其他插件工作,提升网管维护、升级效率,提高网管安全性。分布式体系结构,提供功能组件和数据库分布式部署,提供大型网络解决方案。

(二)良好的平台适应性

系统采用 Java 实现,使得系统可在 Windows、UNIX 平台上运行,适应于用户不同网络规模的管理需求。

(三)强大的网络管理能力

等效网元,可以认为是网管中的一个管理对象,网管在运行时将分配一定的关键资源给每个管理对象。可以把一个管理对象所占用的关键资源作为一个计算单位,这就是等效网元的用途。对于每种设备类型,管理其单个网元所需的关键资源是不同的,从而可以换算为不同数目的等效网元数。表 6-2-11 列出了不同规模设备管理网元的能力。例如,ZXCTN 9008 对应等效网元数为 7,ZXR10 T8000 对应等效网元数为 10。最多管理 32 000 个等效网元,可同时接入 200 个客户端。

表 6-2-11　网管系统能力信息

名　　称	等效网元数
网元管理系统(小型)	<300
网元管理系统(中小型)	≥300、<1 000
网元管理系统(中型)	≥1 000、<3 000
网元管理系统(大型)	≥3 000、<8 000
网元管理系统(超大型)	≥8 000、<32 000

(四)灵活的分布式管理方案

提供灵活的分布式方案,如分布部署数据库服务器,实现负载分担,支持 SSO(Single Sign On)单点登录,方便管理,保证用户数据安全可靠。分布式网络管理如图 6-2-6 所示。

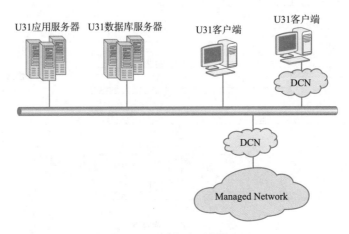

图 6-2-6　分布式网络管理

DCN—数据通信网络;Managed Network—受管网络

项目小结

ZXCTN 系列产品是中兴通讯顺应电信业务 IP 化发展趋势,推出的新一代 IP 传送平台,以分组为内核,实现多业务承载,为客户提供 Mobile Backhaul 以及 FMC(固网与移动网的融合)端到端解决方案,并致力于为客户降低网络建设和运维成本,助力运营商实现网络的平滑演进。

中兴 ZXCTN 6000 系列产品主要定位于网络的接入汇聚层。ZXCTN 9000 系列产品主要定位于网络的汇聚核心层。

中兴 OTN 设备 ZXONE 8300/8500 产品的硬件结构包括机柜、子架、单板等。

NetNumen™ U31(BN)网管系统是 ZTE 众多专业网管系统中的一员,是针对全系列承载网设备进行统一管理和维护的网管产品。可管理中兴 SDH、MSTP、WDM、CTN、OTN、ASON、Router、Switch 所有设备和业务,通过和设备紧密配合,向客户提供完整的网络解决方案。

———💡拓展学习———

2021 年度可持续发展报告显示,2021 年,中兴通讯坚持在全球范围内贯彻可持续发展理念,以"让沟通与信任无处不在"为出发点,以公司人才、合规和内控三大基础工作为抓手,明确五大可持续发展战略重点,实现社会、环境和利益相关者的和谐共存。

作为全球领先的综合通信信息解决方案提供商,中兴通讯 2021 年实现营业收入 1 145.2 亿元,同比增长 12.9%;实现归属于上市公司普通股股东的净利润 68.1 亿元,同比增长 59.9%。

在全球经济下行的宏观背景下,中兴通讯稳健业绩的实现与其长期以来坚持谋求高质量的可持续发展战略密不可分。

※思考与练习

一、填空题

1. 典型的分组传送网络可划分为_____、_____、_____三级结构。

2. 中兴 ZXCTN 9000 系列产品主要定位于网络的_____层。

3. ZXONE 8300/8500 产品以子架为基本工作单位,子架采取独立供电。子架包含_____子架和_____子架两大类。

4. _____的主要功能是将接入的一路或多路客户侧信号经过汇聚或转换后,输出符合 ITU-T G.694.1 建议的 DWDM 标准波长,以便于合波单元对不同波长的光信号进行波分复用。

5. _____单元的主要功能是将不同波长的光信号进行合波或分波处理,并且提供合路光的在线监测。

二、判断题

1. 中兴 ZXCTN 6000 系列产品主要定位于网络的接入汇聚层。　　　　　　　　(　　)

2. 中兴 ZXCTN 系列产品能够进行多业务的统一接入和承载,包括 IP、TDM、ATM/FR/DDN、Ethernet 等。　　　　　　　　　　　　　　　　　　　　　　　　　　(　　)

3. ZXCTN 系列产品作为中兴传输网络主力产品采用电信级分组信元的架构和 IP 软件协议栈,但不支持基本 IPv6 协议。　　　　　　　　　　　　　　　　　　　　　(　　)

4. ZXONE 8300/8500 产品的硬件结构包括机柜、子架、单板、局内线缆等。　(　　)

5. ZXONE 8300/8500 产品以机柜为基本工作单位,子架采取独立供电。　　(　　)

三、简答题

1. 中兴 ZXONE 8300/8500 系列设备主要单板类型有哪些?

2. 简述中兴 NetNumen™ U31 网管平台的特点。

3. 请说明中兴 ZXCTN 6000 系列产品有哪些,以及这些产品在分组传送网的具体分布情况。

4. 请至少列出 6 项中兴 ZXCTN 系列产品的特点。

5. ZXONE 8300/8500 产品以子架为基本工作单位,子架采取独立供电。子架包含传输子架和电交叉子架两大类。请画出传输子架槽位号分布并列出各个槽位上所放置的单板类型。

6. 请画出 ZXONE 8300/8500 系列产品中 XC20 交叉子架的槽位分布及槽位单板放置位置。

7. ZXONE 8300/8500 产品中光合波和分波单元的主要功能是什么?包括哪些单板?

8. ZXONE 8300/8500 产品中光纤放大器单元的主要功能是什么?主要包括哪些单板?

9. ZXONE 8300/8500 产品中系统控制与通信单元的主要功能是什么?包括哪些单板?

10. ZXONE 8300/8500 产品中性能检测类单板有哪些?分别是什么功能?

工 程 篇

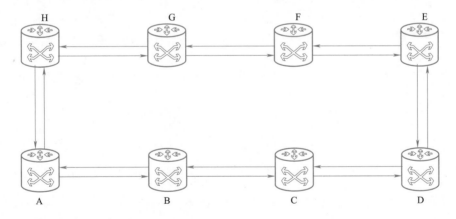

引言

在商业网络中,网络拓扑一般都会采用环状来组建网络,成环率是网络安全评审标准的重要指标之一。模块故障直接影响到线路的正常运行,系统告警时就是在线路端口上。此类故障都可以归结在线路故障内。线路故障在光通信网络的运维过程中占据了网络故障总数的 90%。可见线路故障处理在光通信系统运维的重要位置。

以下是某光通信网络的部分环路图。网络由 8 端 ZXCTN 6000 网元组成,其中网元 A、B 为 6300,网元 C、D、E 为 6200,网元 F、G、H 为 6100。

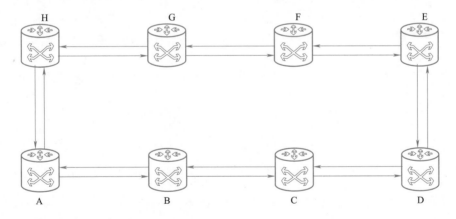

学习目标

- 掌握双纤中断故障处理方法。
- 掌握单纤中断故障处理方法。
- 掌握"鸳鸯纤"故障处理方法。
- 掌握光功率过低故障处理方法。
- 掌握光功率过高故障处理方法。

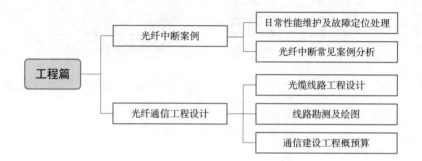

项目七
光纤中断案例

任务一　日常性能维护及故障定位处理

📃 任务描述

传输网管工程师的工作是光传输产品的日常性维护、常规故障定位、设备资料管理更新、网络维护资料日常更新、工程验收配合、应急通信保障配合、现网资源优化、网络安全优化配合等，并对其他事宜进行技术支持工作。本任务对网管工程师的日常性能维护和故障定位及处理工作进行介绍。

🌐 任务目标

- 识记：故障定位分析的工作顺序。
- 领会：故障定位和分析的过程。
- 应用：在网管平台进行日常性能维护和故障定位分析。

📶 任务实施

熟悉 U31 网元管理系统的故障查询流程，并查询故障告警内容，监控和查询线路状态，并通过分析能够准确定位故障位置并采取合理方法进行处理。

一、日常性能维护及故障查询

（一）告警查询

（1）在 U31 网元管理系统的主菜单中，选择"告警"→"告警监控"命令，打开告警监控窗口。

（2）在左侧的管理导航树中，双击"当前告警""历史告警""通知"下面的节点，查询相关告警。也可以双击自定义查询下的节点，按定制模板查询相关告

微视频●

日常性能维护及故障定位处理

157

警。告警查询导航树如图 7-1-1 所示。

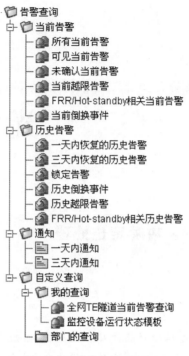

图 7-1-1　告警查询导航树

（二）性能查询

1. 监控实时性能

（1）在 U31 网元管理系统的主菜单中，选择菜单"性能"→"实时流量管理"→"实时流量监控"命令，打开实时流量监控窗口。

（2）设置需要监控的网元、监控对象类型及监控对象。

（3）在启动设置中选择立即运行或者稍后运行。

（4）设置采样周期。

（5）在停止设置中选择指定采样次数或者指定停止时间。

（6）单击"开始"按钮，对已经设置的对象进行性能实时监控。

2. 查询当前性能

（1）在 U31 网元管理系统的主菜单中，选择"性能"→"当前性能查询"命令，打开新建当前性能查询窗口。

（2）设置查询计数器页面参数，见表 7-1-1。

表 7-1-1　设置查询计数器页面参数

参　　数	说　　明
通用模板	在下拉列表框中选择网管自带的或自定义的通用模板，或者不选择模板
测量对象类型	使用默认值性能检测点
可选择的计数器	当不选择通用模板时，可在性能计数器导航树中展开各节点，勾选需查询的选项
已选计数器	显示从性能计数器导航树中勾选的选项

（3）切换到位置选择页面，设置相关参数，见表 7-1-2。

表 7-1-2　设置位置选择页面参数

参　　数	说　　明
通配层次	从下拉列表框中选择通配层次，如单板
网元位置	在 EMS 服务器导航树中选中需要查询的网元。当通配层次选择全网所有网元或选择到网元时，不需要配置
测量对象位置	在测量对象树导航树中选中测量对象。例如：当通配层次选择单板时，在测量对象树下选中对应的单板。 当通配层次选择选择全网所有网元或选择到网元时，不需配置

（4）单击"确定"按钮，当前性能查询页面显示查询到的性能。设置查询条件后，可单击"保存"下拉按钮，将设置的查询条件保存为查询模板和通用模板。

3. 查询历史性能

（1）在主菜单中，选择"性能"→"历史性能数据查询"命令，打开"历史性能数据查询"窗口。

（2）在查询指标/计数器、查询对象、查询时间页面设置查询参数，参数设置与通过拓扑视图查询历史性能相同。

（3）单击"确定"按钮，历史性能数据查询页面显示查询到的性能。设置查询条件完成后，可单击"保存"下拉按钮，将设置的查询条件保存为查询模板和通用模板。

二、线路故障定位及处理

因为通常高级别的告警会抑制低级别的告警，分析告警时，应先分析高级别告警再分析低级别告警。在定位故障时，先排除外部因素（如光纤断、电源问题）再考虑 ZXCTN 设备的故障。先定位故障站点，再定位到具体单板。

故障处理的通用流程如图 7-1-2 所示。

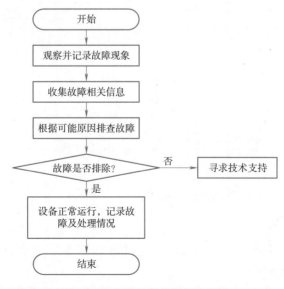

图 7-1-2　故障处理的通用流程图

任务二 光纤中断常见案例分析

任务描述

光纤线路发生故障时,查询故障信息并准确定位故障位置后,需要采取合理方法进行处理。本任务主要目的是熟悉几种常见的故障现象,并掌握故障分析及处理方法。

任务目标

- 识记:光纤通信中断常见故障的类型。
- 领会:光纤通信中断常见故障的处理过程。
- 应用:光纤通信中断和光功率故障的分析。

任务实施

●微视频

光纤中断常
见案例分析

一、单双纤中断及鸳鸯线故障案例分析

(一)单纤中断故障案例分析处理

系统概述:某局本地传输网采用 ZXCTN 6000 设备组成环状网,网络由 8 端 ZXCTN 6000 网元组成,其中网元 A、B 为 6300,网元 C、D、E 为 6200,网元 F、G、H 为 6100。网络结构如图 7-2-1 所示。

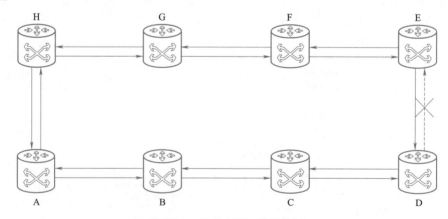

图 7-2-1 单纤中断网络结构图

1. 分析单纤中断原因

故障现象:E 站点中 E 与 D 的连接端口产生 LOS(信号丢失)告警,D 站点中 E 与 D 的连接端口产生 RDI(远端缺陷指示)告警。

故障分析:E 与 D 之间,E 站点发光正常,收无光;D 站点发光正常,收光正常。由此判断 D

站点发出的光 E 站点没有接收到。

2. 修复单纤中断故障

故障排除步骤如下：

(1)通过网元管理系统中的告警将故障范围压缩至 D 站点的发光端口至 E 站点的收光端口。

(2)通知现场处理人员至 E 站点的收光端口处,通过 OTDR(光时域反射仪)确认故障点至 E 的距离。

(3)通过距离估算故障点位置。

(4)找到故障点位置并修复故障。

(5)完成修复后与网元管理系统确认。

RDI 告警一般出现在单纤中断时,当本端发送端口发送的信号对端没有接收到时,对端的 K2 字节(自动保护倒换的通道字节)6、7、8 位会反馈 111 信息至本端端口。当本端接收到该信息时会产生 RDI 告警。

(二)双纤中断故障案例分析处理

系统概述:某局本地传输网采用 ZXCTN 6000 设备组成环状网,网络由 8 端 ZXCTN 6000 网元组成,其中网元 A、B 为 6300,网元 C、D、E 为 6200,网元 F、G、H 为 6100。网络结构如图 7-2-2 所示。

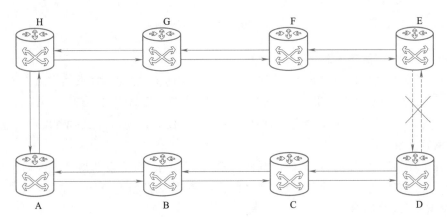

图 7-2-2　双纤中断网络结构图

1. 分析双纤中断原因

故障现象:E 与 D 设备间连接端口产生 LOS 告警,并且两个端口性能均是收无光。

故障分析:E 与 D 设备间两端口均收无光,可判断出是 E 与 D 设备间的线路出现故障,或者光模块出现故障。

2. 修复双纤中断故障

故障排除步骤如下:

(1)在设备端使用跳纤进行设备环回操作。

(2)检查环回时光模块是否存在收光,收无光即需要更换光模块,如果收光正常即进入下一步。

(3)使用 OTDR 检测光缆故障点。

(4)修复故障点的线路。

工程篇

（5）检查 E 与 D 设备上的光纤端口收光是否正常。

LOS 告警一般是由光模块故障或者线路故障引起，其产生的原因是收无光，可能是收到的光损耗过大已经到光模块无法识别，也可能是模块直接无法收到光。

（三）"鸳鸯纤"故障案例分析处理

系统概述：某局本地传输网采用 ZXCTN 6000 设备组成环状网，网络由 8 端 ZXCTN 6000 网元组成，其中网元 A、B 为 6300，网元 C、D、E 为 6200，网元 F、G、H 为 6100。网络结构如图 7-2-3 所示。

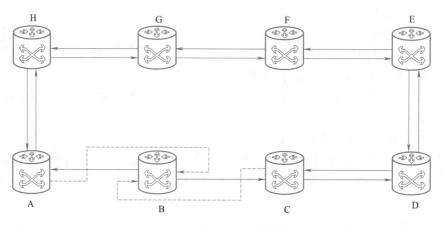

图 7-2-3　"鸳鸯纤"网络结构图

1. 分析"鸳鸯纤"故障现象

故障现象：某日传输机房维护人员反映，B 号站点因两侧光缆断裂（该站点东西方向的光纤有一段在同一根缆内），业务中断。经线路人员抢修后，业务恢复正常。但 10 min 后，环上业务除 B 号站外全阻，机房维护人员通过网管发现网上没有任何告警、性能数据；B 号站业务正常，但无法用网管登录。

故障分析：因光缆断裂前，通道保护倒换正常，且业务正常；而重新熔接光缆后出现这样奇怪的问题——没有任何告警，业务中断，且 B 站无法登录，因此很有可能是光缆熔接错了。

2. "鸳鸯纤"故障排除

故障排除步骤如下：

（1）检查 A、B、C 三个站点的 J0 字节（再生段踪迹字节）匹配信息，发现光纤的确是熔接错了——B 站东西方向接收的光纤熔接反，如图 7-2-4 所示。

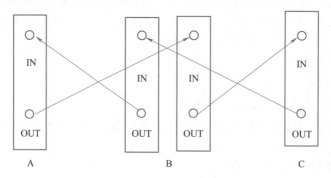

图 7-2-4　站光缆接错示意图

162

（2）联系线路人员返回现场,再次检查线路,并重新熔接光缆,如图 7-2-5 所示。

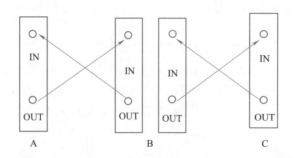

图 7-2-5 站光缆正确连接示意图

在一些偏远站点,受限于线路资源,设备的双向均用的是同一根光缆中的光纤,在光缆因故断裂后,局方线路人员在熔接时,因种种原因,可能会造成错接的现象。若恰好接成了"鸳鸯纤",就会出现这样奇怪的现象,因此在光纤熔接时一定要小心。

二、光功率故障案例分析

(一)光功率过低故障案例分析处理

系统概述:某局本地传输网采用 ZXCTN 6000 设备组成环状网,网络由 8 台 ZXCTN 6000 网元组成,其中网元 A、B 为 6300,网元 C、D、E 为 6200,网元 F、G、H 为 6100。网络结构如图 7-2-6 所示。

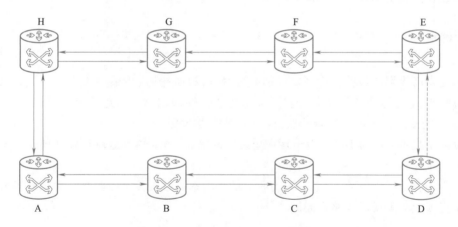

图 7-2-6 光功能过低故障网络结构图

1. 分析光功率过低故障原因

故障现象:E 站点接收到的 D 站点的光功率过低,而 D 站点的发光功率正常。

故障分析:E 站点接收 D 站点的光功率过低,但是 D 站点接收 E 站点的光功率正常,而这两条线路一般都是在同一根光缆内,由此可判断出原因是该线路上的损耗过大。

2. 排除光功率过低故障

故障排除步骤如下:

（1）通知现场人员在 E 站点接收端口通过 OTDR 仪表测出该线路的光谱。

（2）通过该光谱分析该条线路中光功率损耗较大的几处位置。

（3）修复这几个位置的损耗问题。

（4）确认光功率是否正常。

考虑成本问题,光功率过低的最主要处理方式都是修复线路损耗。

（二）光功率越限故障案例分析处理

系统概述:某局本地传输网采用 ZXCTN 6000 设备组成环型网,网络由 8 端 ZXCTN 6000 网元组成,其中网元 A、B 为 6300,网元 C、D、E 为 6200,网元 F、G、H 为 6100。网络结构参见图 7-2-6。

1. 分析光功率越限故障原因

故障现象:E 站点接收 D 站点的收光功率越限。

故障分析:为排除网络隐患,需要对光功率越限进行处理,D 站点的发光功率在经过光纤传送后 E 站点的收光功率越限。

2. 排除光功率越限故障

故障排除步骤如下:

（1）通知现场处理人员在 D 站点就位。

（2）更换 D 站点上 D 与 E 相连接的光模块,模块改为短距。

（3）与网元管理系统确认,如果光功率仍然越限,则在 D 站点的发光端口添加光衰耗器。

光功率越限会对光模块的使用寿命产生影响,还可能对端口承载的信号产生误码,影响网络运行的稳定。而处理此类故障一般都在发送端进行,首先采用更换成短距光模块,然后才会添加光衰耗器。光功率越限的处理方法需要在发光端口处处理。

项目小结

因为通常高级别的告警会抑制低级别的告警,分析告警时,传输网工程师应先分析高级别告警再分析低级别告警。日常定位故障时,先排除外部因素(如光纤断、电源问题)再考虑 ZXCTN 设备的故障。先定位故障站点,再定位到具体单板。

远端缺陷指示告警(RDI)一般出现在单纤中断之时,当本端发送端口发送的信号对端没有接收到时产生此告警。

LOS 告警就是光丢失了,一般是因为收到的光功率弱或者没有收到光。发生此类故障的原因一般是光模块故障或者线路有问题。

—— 拓展学习 ——

自然灾害发生后,手机信号中断主要是因为:(1)电力供电中断;(2)光缆线路中断,导致基站中断运行。

运营商是怎样进行通信抢修的?

针对基站断电,运营商会迅速组织人员,将油机运送到基站进行发电,以保障基站正常运行。

针对光缆中断,光缆线路维护人员会迅速查找断点,并奔赴现场,进行光缆抢修。

※思考与练习

一、简答题

1. 简述在 U31 平台进行监控实时性能操作的步骤。

2. 简述在 U31 平台查询历时性能的操作步骤。

3. 简述线路故障定位的一般顺序。

4. 简述在 U31 系统平台上进行光纤通信日常维护过程中线路故障处理的流程。

5. 描述光通信网络中出现单纤中断故障时的修复过程。

6. 描述光通信网络中出现双纤中断故障时的修复过程。

7. 简述排除光功率过低故障的操作步骤。

8. 简述 RDI 告警产生的原理及原因。

9. 简要分析 LOS 告警产生的原因有哪些。

10. 简述光功率越限的危害和处理办法。

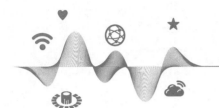

项目八

光纤通信工程设计

任务一　光缆线路工程设计

任务描述

在光纤通信项目中,敷设光缆线路更加重要。这是光缆设计的重要工程,与工程质量密切相关。本任务学习光纤通信工程设计的主要程序、所涉及的文件、光缆线路工程中重要环节设计的主要内容,以及光纤通信工程设计的基本原则。

任务目标

- 识记:光纤通信工程建设的程序。
- 领会:光缆线路工程设计的主要内容。
- 应用:光纤通信工程设计的基本原则。

任务实施

一、学习光缆线路工程设计基础知识

（一）光纤通信工程的建设程序

●微视频

光缆线路工程设计基础

一般大中型光纤通信工程的建设程序可分为规划、设计、准备、工程施工和竣工投产五个阶段。

1. 规划阶段

规划阶段包括编写项目建议书、可行性研究、专家评估和编写设计任务书四部分内容。

（1）编写项目建议书。项目建议书是工程建设程序中最初阶段的工作,是投资决策前拟定该工程项目的轮廓设想,是选择建设项目的依据。项目建议书

的主要内容包括：

①项目提出的背景、建设的必要性和主要依据。

②拟建项目规模和建设地点的初步设想。

③建设条件的初步分析：项目的必要性、技术和经济的可行性。

④工程投资估算和资金筹措的渠道。

⑤工程进度估测。

⑥社会效益和经济效益的估测。

它为开展后续工作——可行性研究、选址、联系协作配合条件、签订意向协议提供依据，从宏观上衡量项目建设的必要性，并初步分析建设的可能性。

（2）可行性研究。项目建议书被主管部门批准后，即可进行可行性研究。可行性研究是指在决定一个建设项目之前，事先对拟建项目在工程技术和经济上是否合理可行进行全面分析、论证和方案比较，推荐最佳方案，为决策提供科学依据。可行性研究的主要内容如下：

①项目提出的背景，投资的必要性和意义。

②可行性研究的依据和范围。

③建设规模的预测，提出拟建规模和发展规划。

④对建设条件、建设进度和工期提出可供决策选择的多种方案，进行各方案的技术经济比较和论证，推荐首选方案。

⑤实施方案、技术工艺、主要设备和建设标准论证，包括通路组织方案、光纤光缆、设备选型方案及配套设施。

⑥实施条件，对于试点性质工程尤其应阐述其理由。

⑦实施进度建议。

⑧投资估计及资金筹措方式。

⑨经济效果及社会效果评价。

⑩由投资主管部门根据可行性研究报告做立项审批。

（3）专家评估。专家评估报告是主管部门决策的重要依据，对于重点工程、技术引进项目等，必须对可行性研究报告进行专家评估。专家评估的主要内容包括：

①对可行性研究报告的内容进行综合评价，包括技术、经济等方面。

②提出具体的意见和建议。

（4）编写设计任务书。设计任务书是确定建设方案的基本文件，是编制设计文件的主要依据，是根据可行性研究推荐的最佳建设方案进行编写的。其主要内容包括：

①建设目的、建设依据和拟建规模。

②预期建设成效。

③主要线路路由的确定。

④经济效益预测、投资回收年限估计以及引进项目的用汇额度估计。

⑤财政部门对资金来源等的审查意见。

2. 设计阶段

设计阶段的主要任务就是编制设计文件并对其进行审定。光纤通信工程设计文件的编制和其他通信工程一样是分阶段进行的。一般通信建设项目设计按初步设计和施工图设计两个阶段进行，称为"两阶段设计"；对于通信技术上复杂的，采用新通信设备和新技术的项目，可增加技术

设计阶段,按初步设计、技术设计、施工图设计三个阶段进行,称为"三阶段设计";对于规模较小,技术成熟,或套用标准的通信工程项目,可直接进行施工图设计,称为"一阶段设计"。

设计阶段的主要内容包括:

(1)分阶段设计的文件编制完成后,由主管部门组织设计单位、施工单位、建设单位、银行等进行会审。

(2)提出会审意见及建议。

(3)确定是否报批或修改。

初步设计一经批准,执行中不得随意更改。施工图设计是承担工程实施部门完成工程建设的主要依据。

3. 准备阶段

准备阶段包括工程准备和工程计划。工程准备包括工程开工前的所有准备工作;工程计划是指对工程进度进行合理分配的进度控制时间表。准备阶段的主要内容包括:

(1)工程设计对勘察工作中水文、地质、气象等资料的收集和核实。

(2)设计文件所涉及的部门和单位的文件准备。

(3)建设路线中相关障碍物处理的手续。

(4)主要材料及设备的定购。

(5)施工单位招标等。

4. 工程施工阶段

在建设单位经过招标和施工单位签订施工合同后,施工单位应根据前期相关文件的要求编制施工组织计划,同时做好施工前相应的准备工作。施工组织计划包括:

(1)工程规模及主要施工项目。

(2)施工现场管理机构。

(3)施工管理,包括工程技术、器材、仪表、车辆等的管理。

(4)主要技术措施。

(5)质量保证和安全措施。

(6)经济技术承包责任制。

(7)计划工期和施工进度。

工程施工是按照施工图设计规定的内容、合同的要求和施工组织设计,由施工单位组织与工程量相适应的施工人员施工。工程施工时应向上级主管部门呈报施工开工报告,经批准后才能正式实施。

光缆线路的施工是光纤通信工程建设的主要内容,其对于投资比例、工程量、工期以及传输质量等都是十分重要的。对于一级干线工程,由于其线路长、涉及面广、施工期限长,施工单位的组织和施工就显得尤为重要。

5. 竣工投产阶段

为了保证光纤通信工程的施工质量,其必须经过验收后才能投产使用。本阶段主要包括工程初验、生产准备、工程移交和试运行以及竣工验收等方面。

(1)工程初验的内容包括由主管部门组织建设单位、银行、设计以及施工单位,对工程项目进行初验,并向上级主管部门提交初验报告。初验后的线路和设备一般由维护单位代为维护。

(2)生产准备是指工程交付使用前必须进行的生产、技术和生活等方面的必要准备。其主要内容包括培训生产人员,在施工前配齐可直接参加施工、验收的人员,为今后的独立维护打下坚实的基础,按设计文件配置好工具、器材及备用维护材料,组织好管理机构,制定规章制度以及配备好办公、生活等设施。

(3)工程移交是指工程或工程区段的施工结束时工程已通过竣工检验,并由业主接管,同时,承包商开始修补缺陷的责任。当工程根据合同已经竣工(不影响工程预期投入使用的次要部分除外)且已通过竣工检验时,业主应接收工程。

(4)试运行是指工程初验后到正式验收、移交期间的设备运行。一般试运行为期三个月,大型或引进的重点工程项目的试运行期可适当延长。在试运行期间,由维护部门代为维护,施工单位履行协助处理故障以确保正常运行的职责,同时应将工程技术资料、借用的工器具以及工程余料等及时移交维护部门。在试运行期间,系统应达到设计文件规定的生产能力和传输指标。试运行期满后,应写出系统使用报告,并将其提交给工程竣工验收会议。

(5)竣工验收是光纤通信工程的最后一项任务。当系统的试运行结束并具备了验收交付使用的条件后,由相关部门组织对工程进行系统验收,即竣工验收。竣工验收是对整个工程进行全面检查和指标抽测。

对于中小型工程项目,可视情况适当地简化验收程序,即将工程初验与竣工验收合并进行。

(二)光纤通信工程设计的主要内容

1. 光纤通信工程设计的一般要求

光纤通信工程设计是工程建设的重要环节。其一般要求如下:

(1)设计工作必须全面体现国家的有关方针、政策、法规、标准和规范,并进行多方案比较,提出优选方案,保证建设项目安全、适用、经济合理、满足施工和使用的要求。

(2)设计工作要站在国家的立场上,坚持客观性、科学性和公正性,处理好局部与整体、近期与远期、技术与经济效益、主体与辅助的关系,从通信发展的全程全网出发,努力提高工程建设的投资效益。

(3)在设计工作中必须推行技术进步的方针,积极采用先进的技术、工艺和设备,但在工程建设中不得采用未经证实鉴定、尚待开发的产品。

2. 设计文件的组成

设计文件是进行工程建设、指导施工的重要依据,一般由设计说明、工程概(预)算和设计图纸三部分组成。每一部分的内容应根据设计的方向不同而具体化。下面以光纤通信传输线路工程设计文件为例,分别说明三个部分的编写内容及要求。

(1)设计说明。通信工程设计文件的设计说明部分要简明扼要,应使用规定的通用名词、符号、术语和图例;应概括说明工程全貌,并简述所选定的设计方案、主要设计标准和技术措施等。

①概述。设计说明的概述部分主要包括以下四部分内容:

● 设计依据:指说明进行设计的根据,如设计任务书、方案查勘报告(或会议纪要)等文件。

● 设计范围:指根据工程性质,重点说明本设计包括哪些项目与内容。同时在说明中,还应明确与其他专业的分工,并说明与本工程有关的其他设计的项目名称和不列入本设计内而另列单项设计的项目。

● 与设计任务书或批准的方案查勘报告有变更的内容及原因。通过初步设计查勘所选定的线路路由、站址、进局、过江位置及其他主要设计方案是否与设计任务书或方案会审纪要所确定的原则相一致,如果有不符的部分,就应重点说明变更的情况、段落及理由。其他与方案会审

纪要所确定方案相一致的部分,可不再重复说明。

● 重要工程量表,指列表说明主要工程量,以便使阅读者对工程全貌有概括的了解。

②路由论述。此部分首先说明所选定的路由在行政区所处的位置,例如干线线路在本省内的起讫地点、途经主要城镇及其线路总长度,然后分述下列各点:

● 沿线自然条件的简述。简要说明路由沿线山脉、丘陵、平原的大致分布及线路在这些地段所占的比例以及交通、农田、水利、土质分布等情况。

● 路由方案的比较。简述选择线路路由的原则,论述干线路由在技术、经济的合理性方面是如何考虑的,说明路由与干线铁路、国家级战备公路和重大军事目标等的隔距要求。粗略估算沿一般公路的段落、隔距与长度,沿乡村大道及无路地段的段落与长度,综合说明所选定的路由在施工维护等方面的难易程度。说明干线路由与有关铁路、公路、水利、电力、城建、工矿等单位的关系及协商意见。

● 穿越较大河流、湖泊的路由说明。重点说明此段路由的设计方案、线路敷设方法、特殊保护措施等,同时应对河流情况(如水文资料、河床及岸滩情况)加以说明,并应附以过河地点的平、断面图。

③设计标准及技术措施。应着重说明工程主要设计标准与技术措施,例如,线路建筑方式的确定;光缆的敷设方式、埋深与接续要求;站、房建筑标准;维护区、段的划分;工程用料的程式、结构及使用场合;光缆线路对防雷、防腐蚀、防强电影响及防机械损伤等防护措施的选定以及其他有关技术措施。对工程中所采用的新技术、新设备应重点加以说明。

④其他问题:

● 有待上级机关进一步明确或解决的问题。

● 有关科研项目的提出。

● 与有关单位和部门协商问题的结果及尚需下个阶段设计时进一步落实的问题。

● 需要提请建设单位进一步进行的工作和需要注意的问题。

● 其他有待进一步说明的问题。

(2)工程概(预)算。在这部分,对于初步设计,需要编写概算文件;对于施工图设计,需要编写预算文件,其具体内容包括:

①概(预)算依据:说明本设计概(预)算是根据何种概(预)算文件编制的。

②概(预)算说明:说明工程概况、规模、概(预)算总价值、概(预)算施工定额、取费标准、计算方法及其他有关主要问题。

③概(预)算表格。

④对概算需要做投资分析,对预算需要有工程技术经济指标分析。

(3)设计图纸。图纸是施工人员最直观而且最基本的施工指导资料,所以要求施工设计中的各种图纸应尽量反映客观实际和设计意图。除有关规范、规程中对个别工序已有定型的施

微视频

光缆线路工程设计

(加)工图可不在设计中列出外,其他各种施工图均应绘出。

二、掌握光缆线路工程设计方法

(一)光缆线路工程设计的主要内容

1. 设计的基本原则

光缆线路工程设计的基本原则应符合国家相关的标准、行业标准、技术规范

的要求,同时还应尽量满足 ITU-T 的有关建议,在此基础上重点考虑的问题还包括系统的传输距离、传输速率、业务流量、投资额度、未来发展等相关因素,合理选择工程所使用的光缆型号、连接器件及相关设备,以满足对系统性能的总体要求。

2. 光缆线路工程设计的内容

光缆线路工程设计根据过程项目规模、性质等的不同,可以由初步设计、技术设计和施工图设计三个阶段组成。这三个阶段的设计内容进行如下:

(1)初步设计阶段。初步设计文件是根据批准的可行性研究报告,以及有关的设计标准、规范,并通过现场勘察工作取得可靠的设计基础资料和业务预测数据后,由建设单位委托具备相应资质的勘察设计单位进行编制的。

①初步设计内容。初步设计内容由概述、选定路由方案的论述及主要设计标准和技术措施三部分构成。下面具体介绍每一部分的主要要求。

● 概述。初步设计的概述部分的主要内容包括:设计依据;设计内容与范围和工程建设分期安排;工程的主要工程量;线路技术与经济指标;维护体制及人员数、车辆的配置原则。

● 选定路由方案的论述。初步设计内容的选定路由方案的论述部分主要内容包括:光缆线路具体路由的确定、干线路由方案及选定理由。

● 主要设计标准和技术措施。初步设计内容的主要设计标准和技术措施部分的主要内容包括:光缆结构、型号及光电参数;单盘光缆的光、电主要参数;光缆连接接头保护;光缆的敷设方式和要求;光缆的防护要求;光中继站的建筑方式及要求。

②初步设计文件。初步设计文件一般是分册编制,其中包括初步设计说明、初步设计概算和图纸等内容。初步设计文件的内容由概算说明、概算总表和图纸三部分构成。下面具体介绍每一部分的主要要求。

● 概算说明。初步设计文件的概算说明部分的主要内容包括:概算依据;有关费率及费用的取定;有关问题说明。

● 概算总表。初步设计文件的概算总表部分的主要内容包括:概算总表;建筑工程概算表;建筑安装工程概算表;主要设备及材料表;维护仪表及机具、工具表;无人光中继站主要材料表;次要材料表;其他有关工程费用表。

● 图纸。初步设计文件的图纸部分主要内容包括:光缆线路工程路由图;光缆线路传输系统配置图;光缆线路进局管道路由图;光缆截面图;水底光缆路由图。

(2)技术设计阶段。技术设计是根据已批准的初步设计进行的。当技术设计及修正总概算被批准后,即可作为编制施工图设计文件的依据。

①技术设计内容。技术设计内容由概述、选定路由方案的论述、主要设计标准和技术措施及其他有关问题的说明四部分构成。下面具体介绍每一部分的主要要求。

● 概述。技术设计内容的概述部分的主要内容包括:工程概况;设计依据;设计内容及范围;主要设计方案变更论述;工程量表;线路技术经济指标;维护体制及人员数、车辆的配备原则。

● 选定路由方案的论述。技术设计内容的选定路由方案的论述部分主要内容包括:沿线自然条件简述;各线路路由方案论述及选定理由。

● 主要设计标准和技术措施。技术设计内容的主要设计标准和技术措施部分的主要内容包括:光纤光缆主要技术要求和指标;光缆结构及应用场合;光缆的敷设和连接要求;光缆系统

配置及防护;无人地下中继建筑标准;其他特殊地段的技术保护措施。

● 其他有关问题的说明。技术设计内容的其他有关问题的说明部分的主要内容包括:落实与相关部门的协议;仪表的配置原则说明;光缆数量调整及其他说明。

②技术设计文件。技术设计文件包括修正概算和图纸等内容。下面具体介绍每一部分的主要要求。

● 修正概算。技术设计文件的修正概算部分的主要内容包括修正概算表和其对应的初步设计光缆线路部分概算表。

● 图纸。技术设计文件的图纸部分的主要内容包括:光缆线路路由图;光缆线路传输系统配置图;光缆线路进局管道路由图;光缆截面图;水底光缆路由图。

(3)施工图设计阶段:

①施工图设计的内容。施工图设计是根据已批准的初步设计文件和主要通信设备订货合同进行编制的。其是对初步设计(或技术设计)内容的完善和补充,是施工的依据。其一般由概述,选路由的论述,敷设安装标准、技术措施和施工要求及其他有关问题的说明四部分组成。下面具体介绍每一部分的主要要求。

● 概述。施工图设计的概述部分的主要内容包括:设计依据;设计内容与范围和工程建设分期安排;本设计变更初步设计的主要内容;主要工程量表。

● 选路由的论述。施工图设计的选路由的论述部分主要内容包括:光缆线路路由;沿线自然与交通情况;市区及管道路由。

● 敷设安装标准、技术措施和施工要求。施工图设计的敷设安装标准、技术措施和施工要求部分的主要内容包括:光缆结构及应用场合;单盘光缆的技术要求;光缆的敷设与安装要求;光缆的防护要求和措施;光中继站的建筑方式;特殊地段和地点的技术保护措施;光缆进局的安装要求;维护单位、人员和车辆的配置。

● 其他有关问题的说明。施工图设计的其他有关问题的说明部分的主要内容包括:施工的注意事项和有关施工的建议;对外联系工作。

②施工图设计文件。施工图设计文件是控制建筑安装工程造价的重要文件,是办理价款结算和考核工程成本的依据,一般包括设备、器材表和图纸。下面具体介绍每一部分的主要要求。

● 设备、器材表。施工图设计文件的设备、器材表部分的主要内容包括:主要材料表;中继站土建主要材料表;线路维护队(班)用房器材表;水泥盖板、标石材料表;维护仪表、机具工具表;线路安装、接头工具表。

● 图纸。施工图设计文件的图纸部分的主要内容包括:(中继)光缆线路路由表;传输系统配置表;光缆线路施工图;光缆排流线布放图;光缆接头及保护图;直埋光缆埋设及接头安装图;进局光缆安装图;光缆进局封堵及保护;监测标石加工图。

(二)光中继段距离设计

光纤传输最长中继段距离由光纤衰减和色散等因素决定。由于系统内因素影响程度不同,中继段距离的设计方式也不同。在实际工程应用中,设计方式通常分为两种情况:第一种情况是衰减受限系统,即中继段长度由 S 点和 R 点之间的光通道衰减决定;第二种情况是色散受限系统,即中继段距离长度由 S 点和 R 点之间的光纤色散决定。

光中继段内的系统设计可分成两个步骤:设计方案和系统预算。

下面介绍长途光中继段的系统传输距离设计。

(1)设计方案——损耗、色散限制。

长途光中继段的系统构成如图8-1-1所示。其中,T和T'分别代表长途光缆中继段的起始和结束的位置;C_1和C_2代表光缆管道的起始和结束位置;TX和RX分别代表光发射机和光接收机;OF表示光纤;N表示光缆线路中的接头。

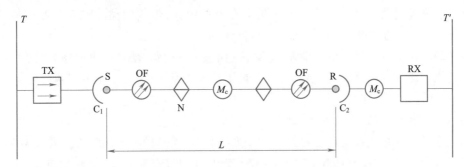

图8-1-1　长途光中继段的系统构成图

由传输功率损耗确定的最大中继段长度为:

$$L_{\max} = \frac{P_S - P_R - M_e - 2A_d - P_0}{A_f + A_s + M_c} \qquad (8\text{-}1\text{-}1)$$

式中,$L_{\max}$表示损耗限制中的最大中继段长度;P_S表示S点的发送率(dBm);P_R表示R点的接收灵敏度(dBm);P_0表示光通道的功率代价(dB);M_c表示光缆富余度(dB/km),是指光缆线路运行中的变动(如维护时附加接头或增加光缆长度等),在一个中继段内光缆总的富余度不应超过5 dB,设计中按3～5 dB取值,M_e表示设备富余度(dB)通常取3 dB;A_d表示S点和R点之间光纤活动连接器损耗(dB);A_f表示光纤损耗系数(dB/km);A_s表示每千米光缆固定接头平均衰减(dB/km),它与光缆质量、熔接机性能、操作水平等有关设计中按平均值0.05～0.08 dB/km取值。

(2)系统预算:包括损耗预算和色散预算。设根据损耗预算得出的最大中继距离为$L_{\max}$,根据色散预算得出的最大中继距离为$L'_{\max}$。

若$L_{\max} > L'_{\max}$,则称系统为色散限制系统,即系统的中继距离主要由光纤的色散来确定。

若$L_{\max} < L'_{\max}$,则称系统为损耗限制系统,即系统的中继距离主要由光纤的损耗来确定。

下面介绍最常见的设计类型以说明损耗预算和色散预算的方法:

(1)损耗预算。如果从系统沿途功率损耗的角度考虑,则最大中继距离可按式(8-1-1)计算。

(2)色散预算。如果从系统单模光纤色散的角度考虑,则最大中继段距离为

$$L'_{\max} = \frac{\varepsilon \times 10^6}{B_1 \times \Delta\lambda \times D} \qquad (8\text{-}1\text{-}2)$$

式中,ε表示激光器的饱和增益系数,当激光器为多纵模激光器时取0.15,单纵模激光器时取0.36;B_1表示线路的信号速率;$\Delta\lambda$表示光源谱宽;D表示光纤的色散系数。

所以,实际中继距离L的范围应为$L_{\min} \leqslant L \leqslant L_{\max}$和$L'_{\max}$中的较小者。

(三)光缆线路路由的选择原则

(1)光缆线路路由的选择必须以工程设计任务书和光缆通信网络的规划为依据,结合现有

的地形、地物、建筑设施,并应考虑有关部门发展规划的影响。

(2)线路路由尽可能短捷,且选择地质稳固、地势平坦、自然环境影响和危害少的地带。

(3)光缆线路路由一般应避开干线铁路,且不应靠近重大军事目标。

(4)通常情况下,干线光缆线路不宜考虑本地网的加芯需求,且不宜与本地网线路同缆敷设。

(5)长途光缆线路应沿公路或可通行机动车辆的大路,但应顺路并避开公路用地、路旁设施、绿化带和规划改道地段,距公路距离不小于 50 m。

(6)光缆线路不宜穿越大的工业基地、矿区,如果不可避免,就必须采取保护措施。

(7)光缆线路不宜通过森林、果园、茶园、苗圃及其他经济林厂,尽量少穿越村庄。

(四)光纤与光缆的选型

1. 光纤的选型

目前工程中使用的光纤类型主要有 G.652 光纤和 G.655 光纤。G.652 光纤是 1 310 nm 波长性能最佳的单模光纤,它同时具有 1 310 nm 和 1 550 nm 两个低耗窗口,零色散点位于 1 310 nm 波长处,而最小衰减位于 1 550 nm 波长处。根据偏振模色散(PMD)的要求和在 1 383 nm 处的衰耗大小,ITU-T 又把 G.652 光纤分为四类,分别是 G.652. A、G.652. B、G.652. C、G.652. D。G.655 光纤即非零色散位移光纤,它在 1 550 nm 窗口同时具有最小色散和最小衰减,较适合开放 DWDM 系统。两种光纤的参数比较见表 8-1-1。

表 8-1-1 G.655 光纤和 G.652 光纤的参数比较

技术参数	G.655 光纤	G.652 光纤	
工作波长/nm	1 530 ~ 1 565	1 310	1 550
衰减/(dB·km^{-1})	≤0.22	≤0.36	≤0.23
零色散波长/nm	1 530	1 300 ~ 1 324	
零色散斜率/(ps·nm^{-1})	0.045 ~ 0.1	0.093	
色散/[ps·(nm·km)$^{-1}$]	1≤D≤6	3.5	18
色散范围/nm	1 530 ~ 1 565	1 288 ~ 1 339	1 550
偏振模色散	0.5	0.5	
光有效面面积/μm^2	55 ~ 77	80	
模场直径/μm	8 ~ 11	9 ~ 10	10.5
弯曲特性/dB	1.0	0.5	

根据表 8-1-1 中提供的参数,通常对于传输 2.5 Gbit/s 的 TDM(时分复用)和 WDM(波分复用)系统,两种光纤均适用。对于传输 10 Gbit/s 的 TDM 和 WDM 系统,G.652 光纤需要采取色散补偿,才可开通基于 10 Gbit/s 的传输系统,而 G.655 光纤不需要频繁地采取色散补偿,但光纤价格较高。

从业务发展趋势看,下一代电信骨干网将是以 10 Gbit/s 乃至 40 Gbit/s 为基础的 WDM 系统,在这一速率前提下,尽管 G.655 光纤价格是 G.652 光纤价格的 2 ~ 2.5 倍,但在色散补偿上的节省却使采用 G.655 光纤的系统成本比采用 G.652 光纤的系统成本低 30% ~ 50%。因而对于新建系统在传输速率和性价比合适的条件下,应优先选用 G.655 光纤。不同业务类型的通信网对光纤的选择见表 8-1-2。

表 8-1-2　通信网光纤优选方案

网络范围	业务类型	特　　点	光　纤　选　择
长途网	长途干线传输	中级距离长、速率高	优选 G.655,可选 G.652B/D
本地网	地域网骨干层	距离短、速率高	G.652B/D
	城域网汇聚层	距离短、速率中等	G.652A/B
	市-县骨干	距离中等、速率中等	G.652B/C/D
	用户(基站)接入	距离短、速率低	G.652B/A

2. 光缆的选型

光缆由缆芯、护套和加强元件组成,它能使光纤具有适度的机械强度,适应外部使用环境,并确保在敷设与使用过程中有稳定的传输性能。光缆按其结构分为层绞式、中心束管式、带状、骨架式、单位式、软线式等多种。目前,本地光缆网常用的光缆为松套管和金属加强型光缆,结构一般为中心束管式和层绞式,如图 8-1-2 所示。两种光缆结构的选择通常取决于光缆芯数:当光缆芯数为 4～12 时,通常采用中心束管式结构;当光缆芯数为 12～96 时通常采用层绞式结构。局内架间跳接用光缆常采用软线式光缆。随着城域网的兴起,适用于大芯数光缆的带状光缆和骨架式光缆也逐渐得到广泛应用。

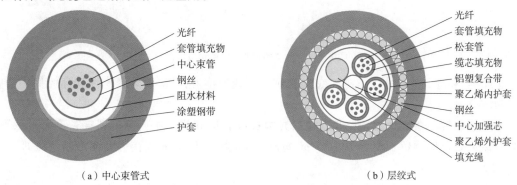

（a）中心束管式　　　　　　　　　　　　　　　（b）层绞式

图 8-1-2　常用光缆结构

(五)光缆敷设方式的选择和要求

1. 光缆敷设方式的选择

长途光缆干线的敷设方式以直埋和塑料管道敷设为主,近年来由于一些新型管材及施工工艺的出现,管道敷设成本降低,大段落的直埋方式已逐渐被淘汰。在确定敷设方式时,应考虑是否可利用现有管道。光缆线路进入市区和城镇部分,应采用管道敷设,在特殊情况下也可采用架空敷设方式。

2. 光缆敷设的要求

(1)架挂光缆敷设的要求。

①架挂光缆的方法有预挂挂钩法、定滑轮牵引法、动滑轮边放边挂法、汽车牵引动滑轮托挂法。牵引光缆时,不论采用机械牵引还是人工牵引,牵引力都不得超过允许张力的 80%,瞬时最大牵引力不得超过张力的 100%,且牵引力应加在加强芯上。

②牵引光缆时应从缆盘上方开始,牵引速度要求缓和、均匀,保持恒定,不能突然起动、猛拉紧拽,不允许出现过度弯曲或光缆外护套损伤,整个布放过程中应无扭曲,严禁打小圈、浪涌等现象发生。

③在光缆的施工过程中,其曲率半径不小于光缆外径的 20 倍;在安装固定后不受张力时,其曲率半径应大于光缆外径的 15 倍以上。

④光缆挂钩的卡挂间距为 50 cm,在电杆两侧的第一个挂钩距吊线固定物边缘应为 25 cm,光缆挂钩应均匀整齐,挂钩搭扣方向应一致,挂钩托板应齐全。

⑤架挂光缆时不能拉得太紧,注意要有自然垂度。光缆卡挂后应平直,不得有机械损伤。

⑥架挂光缆应每 3~5 个杆档做一处预留,预留的形状可在电杆处将光缆做成 U 形弯曲,预留光缆在电杆上用聚乙烯管穿放保护,其长度为 90~100 cm,如图 8-1-3 所示。

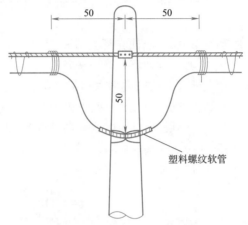

图 8-1-3　光缆预留保护(单位:cm)

⑦光缆在"十"字形吊线连接处或"丁"字形吊线连接处,也应安装聚乙烯管穿放保护,其长度约为 30 cm。

⑧架挂光缆在接头处的预留长度包括光缆接续长度和施工中所需的消耗长度等。一般架挂光缆接头处每侧预留长度为 10~15 m,每隔 1 km 盘留 5 m,光缆接头处要做密封处理,不得进水。

⑨光缆接头盒安装在电杆上或距电杆 1 m 左右处,应牢固可靠且不影响上杆,预留光缆盘圈绑扎在杆侧吊线及吊线支架上,光缆预留圈直径应不小于 60 cm,如图 8-1-4 所示。

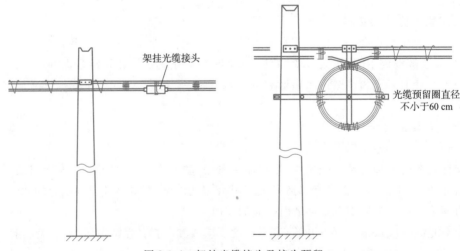

图 8-1-4　架挂光缆接头及接头预留

⑩两条光缆处在同一吊线时,必须每隔 8 ~ 10 杆档安装醒目光缆标志牌。

⑪架挂光缆引上时,杆下用钢管保护,上吊部位在距杆 30 cm 外绑扎,并留有伸缩弯,如图 8-1-5 所示。

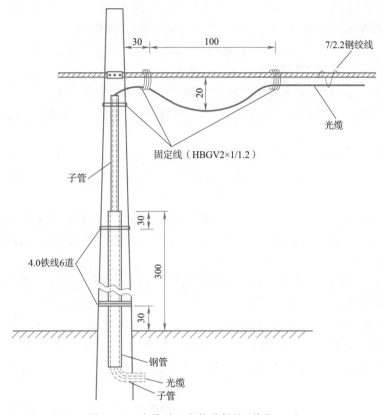

图 8-1-5 光缆引上安装及保护(单位:cm)

(2)管道光缆敷设的要求:

①在光缆敷设前,需要根据设计方案核对管道路由,检查占用管孔是否空闲以及进出口状态,并对敷设光缆所用管孔进行清刷和试通。

②管道光缆可用人工牵引敷设或者机械牵引敷设,硅芯管道光缆敷设可采用气吹法。不论采取哪种敷设方式,都要求整盘敷设,施工过程应统一指挥,互相配合,以保证光缆质量。

③在市区一般采用人工牵引方式,每个人手孔应有专人助放,牵引力不宜超过 1 000 N,一次牵引长度以 500 m 为宜,最长不应超过 1 000 m,超长时应采取倒盘字或光缆倒盘器倒盘后再布放。

④在穿放光缆前,应先在一个管孔内穿放子管,一般一次性穿放四根且颜色不同。多根子管的总等效外径不宜大于管道孔径的 85%。在布放子管前,应将四根子管用铁线捆扎牢固,子管在两个人手孔间的管道段内不应有接头,子管在人手孔中应伸出管道 5 cm。

⑤管道光缆的孔位应符合设计要求,一般由下至上,由两侧至中间安排。光缆穿放在管孔的子管内,子管口用自黏胶带封闭。本期工程不用的子管,管口应安装塞子。同一工程的光缆应尽量穿放在同色的子管内。

⑥管道光缆在人手孔内,应紧靠人手孔壁,转角人孔应大转弯布放,光缆在人手孔内应采用

波纹塑料软管保护,塑料软管伸入子管内 5 cm,并用尼龙扎带绑扎,固定在托板上、托架上或人手孔壁上。

⑦人手孔内的光缆应排列整齐并留适当余量,以避免光缆绷得太紧。

⑧为便于维护,本工程光缆在人孔内应挂上醒目的光缆标志牌。标志牌的数量按设计规定,标志牌上应标明电信运营商、工程名称、光缆纤芯数量、方向等内容。

⑨为保证传输质量,应尽量减少光缆接头,管道光缆引上后不得任意切断。

3. 局(站)内光缆敷设的要求

(1)由于各局(站)的情况不同,局(站)内光缆宜采用人工布放方式施工。布放时,每层楼及拐弯处均应设置专人负责,统一指挥牵引,牵引时应保持光缆呈松弛状态,严禁出现打小圈或死弯,安装的曲率半径应符合要求。

(2)局(站)内光缆从进线室至光分配架间应布放在走线架或槽道上,要布放整齐并每隔一定的距离进行绑扎。上、下走道或爬墙的绑扎部位应垫胶管或塑料垫片,避免光缆承受过大的侧压力。

(3)光缆在上线柜、走线架和槽道上应用尼龙扎带绑扎牢固并挂上光缆标志牌以便识别。

(4)光缆在进线室内应选择安全的位置,当处于易受外界损伤的位置时,应采取子管或波纹塑料软管等保护措施。

(5)光缆经由上线柜、走线架、槽道的拐弯点的前、后应予绑扎。上、下走道或爬墙的绑扎部位应垫胶管,以避免光缆受侧压。

(6)按规定预留的光缆应留在光电缆进线室,不得留在槽道或 ODF 架顶。

(7)光缆在机房内应注意做好防火措施,光缆在进线室内应用防火材料,如玻纤布进行防护。地级市通信局(站)应采用阻燃光缆进出局(站),阻燃光缆的标准盘长为 500 m。注意:应合理配盘,避免浪费。

(8)光缆进入进线室后,在进局(站)管道两侧,即进线室和局(站)前人孔处应做防水处理,具体位置为:光缆和子管之间、子管与子管之间、子管与管孔之间。

(9)光缆在 ODF 架成端时,光纤成端应按纤序规定与尾纤熔接,并应用 OTDR 监测,以避免接头损耗过大。

(10)光纤与尾纤预留长度应在 ODF 架盘纤盒中安装,应有足够的半径,安装稳固、不松动并注意整齐、美观。

(11)光纤成端后纤号应有明显的标志。

(六)光纤与光缆的接续要求

(1)光纤接续采用熔接法,中继段内同一根光纤的熔接衰减平均值不应大于 0.08 dB/个,OTDR 双向测试,取平均值。

(2)光纤接续严禁用刀片去除一次涂层或用火焰法制备端面。

(3)光缆接续前应核对光缆程式和端别,检查两段光缆的光纤质量合格后方可进行接续并做永久性标记。

(4)光缆接续应连续作业,认真执行操作工艺要求,光缆各连接部位及工具、材料应保持清洁,确保接续质量和密封效果。对当日确实无法完成的光缆接头应采取措施,不得让光缆受潮。

(5)对填充型光缆,接续时应采用专用清洁剂去除填充物,禁止用汽油清洁。应根据接头套管的工艺尺寸要求开剥光缆外护层,不得损伤光纤。

（6）每个光缆接头均应留有一定的余量，以备日后维修或第二次接续使用。光缆接头两侧的光缆金属构件均不连通，同侧的金属构件相互间也不连通，均按电气断开处理。在各局（站）内，光缆金属构件间均应互相连通并接机架保护地。

（7）光缆与设备的连接在 ODF 架上采用活接头方式，活接头的插入损耗要求小于 0.5 dB，反射损耗大于 50 dB，缆间接续采用固定熔接方式接头。

（8）光缆接头盒应选用密封防水性能好的结构，并具有防腐蚀和一定的抗压力、张力和冲击的能力。光缆接头盒在人手孔内宜安装在常年积水水位以上的位置，采用保护托架或其他方法承托，保护托架一般为 U 形，接头两侧预留光缆，缠绕成 60 cm 的圆圈。

（七）光缆线路的防护设计

1. 防强电

（1）在选择光缆线路路由时，应与现有强电线路保持一定的隔距，当与之接近时，在光缆金属构件上产生的危险影响不应超过容许值。

（2）光缆线路与强电线路交越时宜垂直通过，在困难情况下，其交越角度应不小于 45°。

（3）本地光缆网一般选用无铜导线、塑料外护套耐压强度为 15 kV 的光缆，并考虑将各单盘光缆的金属构件在接头处做电气断开，将强电影响的积累段限制在单盘光缆的制造长度内，光缆线路沿线不接地，仅在各局（站）内的 ODF 架上接保护地线。

（4）在局（站）内新增 ODF 架时，ODF 架应使用无接头的直径 35 mm^2 铜导线直接接至保护地排，进局（站）光缆的金属加强芯应固定在 ODF 机架内的接地排，并与机架保证良好的电气连通。

2. 防雷

（1）除各局（站）外，沿线光缆的金属构件均不接地。

（2）光缆线路的金属构件连同吊线一起每隔 2 km 做一防雷保护接地。

（3）光缆的所有金属构件在接头处不进行电气连通，局（站）内的光缆金属构件全部接到保护地上。

（4）架挂光缆还可选用光缆吊线，每隔一定距离装避雷针或进行接地处理，对于雷击地段，则可装架空地线。

3. 防蚀、防潮

光缆外套为 PE 塑料，具有良好的防蚀性能。光缆缆芯设有防潮层并填有油膏，因此除特殊情况外，不再考虑外加的防蚀和防潮措施。但为避免光缆塑料外套在施工过程中局部受损伤，以致形成透潮进水的隐患，在施工中要特别注意保护光缆塑料外套的完整性。

4. 防鼠

鼠类对光缆的危害现象多发生在管道中，但因管道光缆均穿放在直径较小的子管中，且端头处又有封堵措施，故不再考虑外加防鼠措施。

5. 防火

局（站）内光缆应采取防火措施，因此局（站）内光缆宜用阻燃光缆或用阻燃材料包裹光缆。

6. 其他防护

对于架挂光缆，若光缆紧靠树木等物体而有可能磨损时，则在光缆与其他物体接触的部分，应用 PVC 管进行保护。在鸟啄较严重的地区，光缆选用 GYTY53 光缆，同时在吊线上方 5 cm 处再悬挂一根直径为 4.0 mm 铁线。如果靠近房屋，则应用防火漆进行保护。

任务二　线路勘测及绘图

任务描述

本任务主要介绍光缆施工中线路勘测及绘图的主要内容,如管道线路查勘、城区管道线路查勘、架空杆路查勘等,并对施工图测量工作进行详细介绍。

任务目标

- 识记:线路勘测的主要内容。
- 领会:施工图测量分工。
- 应用:测量施工图的工作内容。

任务实施

一、线路勘测

微视频

线路勘测及
绘图

工程勘察是运用多种科学技术方法,通过现场测量、测试、观察、勘探、试验和鉴定等手段查明工程建设项目地点的地形、地貌、土质、水文等自然条件,搜集工程设计所需要的各种业务、技术、经济以及社会等有关资料,在全面调查研究的基础上,结合初步拟定的工程设计方案,进行认真的分析、研究和综合评价等工作。

通信工程勘察包括查勘和测量两个工序。根据工程规模可分为方案查勘、初步设计查勘和现场测量三个阶段。对建设规模较大、技术较复杂的工程,需要首先进行方案查勘;对于二阶段设计的工程,应根据设计任务书的要求进行初步设计查勘后进行测量;对于一阶段设计的工程,则查勘和测量同时进行。

(一)管道线路查勘

硅芯管管道线路查勘的要求:

(1)定位、测量每个标石长度,同时记录每个人手孔至相邻标石的段长。

(2)在草图上具体区分人手孔是人孔还是手孔,同时要求尽量能够区分人手孔尺寸。

(3)查勘目前硅芯管内穿放光缆的具体情况,光缆接头的人手孔内的接头布放情况,包括布放几个接头以及在人手孔哪一侧,预留光缆的盘放情况。

(4)记录线路需要过特殊障碍点的人手孔位置。

(5)打开每个人手孔,记录硅芯管的子管的颜色,并且了解哪一种颜色的管子为本期使用。

(6)记录积水情况,确定本工程是否需要抽水。

(二)城区管道查勘的要求

(1)记录管道路由及人手孔间段长、人手孔位置。

（2）打开每个人手孔，记录管孔断面图、管孔占位图。如果管道两侧人手孔断面不一致，则要求绘出。

（3）本期线路敷设在哪一个管孔。

（4）对合建管道应着重注意管位情况，一定要弄清建设方的管孔情况。

（5）本期管道是否新放子管，如果是新放子管，则确定放在哪个管孔内；如果不是新放子管，则标注本期工程需要放的子管。

（6）记录积水情况，确定本工程是否需要抽水。

（7）记录人手孔内已有的线路接头情况，以及线路预留盘放情况。

（三）架空杆路查勘

1. 查勘内容

与建设单位核定总体建设方案后确定查勘内容，包括：

（1）通信网络结构。

（2）建设段落，连接站址数。

（3）基本杆高。

（4）线路容量的选择。

（5）支线线路连接方案。

（6）主要障碍的处理方式。

（7）明确基本杆距、拉线程式的选择原则、拉线上把中把固定方式等。

2. 查勘要求

（1）总体要求：

①根据已确定的建设方案，会同建设方，公路、规划、城建等部门拟定杆路路由，了解沿线地形、地貌、建筑设施等情况。

②平坦及直线段落可用测距仪测量长度，拐角处钉桩，段落内部存在主要障碍时，如过河流、水塘、公路等，则需要增设障碍桩，并需要测量障碍离桩的位置以及障碍宽度，以方便今后排列杆子时能避开障碍。

③拐弯较多及地形复杂段落采用拖地链方式测量。

④在拟定的路由上如遇到穿越公路、铁路、涵洞时，要求绘出涵洞的立面图，标明线路的安装位置。

⑤测出线路跨越河流、公路等处的跨距，并根据跨距、公路路面高度、河流最高水位等确定特殊杆位的杆高，并在勘察草图中注明跨越档、飞线段落正辅吊线程式、拉线设置规格与位置。

⑥杆路沿线与电力线或其他通信线等发生交越时，应提出本线路与电力线等交越的保护方案。

（2）钉桩要求：

①直线段，每 200～300 m 钉桩。

②一些比较大的障碍，如过河流、塘等，则需要增设障碍桩。

③终端杆、转角杆处需要三点定位。拐弯处需要测量转向角，当转角小于 45°时，新设单股拉线；当转角大于 45°时，应分设顶头拉线。

（3）记录要求。勘察过程中要求记录路由方向、拐弯角度、道路路名、离路距离、周围建筑环境以及地理地貌、其他运营商线路、电力线、河流桥梁名称、地名、道路坡度等。此外，对于沿

线遇到的主要障碍,如辅助吊线过河,钢管过桥,顶管过路,过铁路、高速公路、涵洞等,则要绘出相应的平面图和侧面图,必要时应与建设方沟通,确定保护方式。

二、测量施工图

查勘工作结束后,应进行施工图测量,这实际上是与现场设计的结合过程,是施工图的具体测绘工作,设计过程中的很大一部分问题需在测量时解决。通过测量使线路的路由位置、安装工艺、各项防护措施进一步具体化,为编制工程预算提供依据。施工测量的准确性和可靠性直接影响到工程的安全、质量、投资、施工维护等。

(一)测量准备

(1)人员准备。施工图测量人员一般分为五个大组,即大旗组、测距组、测绘组、测防组及对外调查联系组。应根据测量规模和难度,配备相应的人员,定制日程进度。施工图测量人员配备见表8-2-1。

表 8-2-1　施工图测量人员配备

序号	工 作 内 容	技术人员	技工	普工	备　注
1	大旗组	—	1	2	
2	测距组:等级和障碍处理	1	—	—	人员可视情况适度增减
	前链、后杆、传标杆、	—	1	2	
	钉标桩	—	1	1	
3	测绘组	1	1	1	
4	测防组	—	1	1	
5	对外调查联系组	—	1	—	
	合计	2	6	7	—

(2)资料及工具准备。为了保证测量工作能够顺利开展,测量之前要准备好相关资料并配备好工具。具体准备内容如下:

①基础资料:包括初步设计文件、沿线各地区地图、本期通信线路网络路由示意图、电话簿、通信线路安装设计规范。

②测量工具及辅助工具:常用工具包括红白大旗及附件、标桩、经纬仪、标尺、绳尺、水准仪、测距仪、地链、指南针、望远镜、皮尺、砍刀、指南针、望远镜、榔头、手锯、红黑漆等。

③记录工具:包括记录板、卷纸或 A4 纸、铅笔、橡皮、黑笔、红笔。

④通信工具,如对讲机、手机。

此外,由于通信线路的测量工作多在户外进行,因此在测量时还要做好必要的安全保护措施,如带好帽子、手套、解放鞋、外伤药物、口罩、护肤霜、雨伞等。

(二)测量分工

每组都有自己明确的工作任务和工作要求。

1. 大旗组

(1)工作任务:

①负责确定通信线路敷设的具体位置。

②大旗插定后在1:50 000 的地形图上进行标注。

③发现新修公路、高压输电线、水利及其他重要建筑设施时,应在1:50 000的地形图上补充绘入。

(2)工作内容:

①与初步设计路由偏离不大,不影响协议文件规定时,允许适当调整路由,以使之更为合理和便于施工维护。

②发现路由不妥时,应返工重测,对个别特殊地段可测量两个方案,做技术经济比较。

③注意穿越河流、铁路、输电线等的交越位置,注意与电力杆的隔距要求。

④与军事目标及重要建筑设施的隔距应符合初步设计要求。

⑤大旗位置选择在路由转弯点或高坡点,直线段较长时,中间增补1~2面大旗。

2. 测距组

(1)工作任务:

①负责路由长度的准确性,配合大旗组用花杆定线定位、量距离、钉标桩,登记累积距离,登记工程量和对障碍的处理方法,确定S弯预留量。

②负责路由测量长度的准确性。

(2)工作内容:

①采取措施以保证丈量长度的准确性,要求:至少每三天用钢尺核对测绳长度一次;遇上、下坡,沟坎和需要S形上、下的地段,测绳要随地形与线缆的布放形态一致;先由拉后链的技工,将每测挡距离写在标桩上;负责登记、钉标桩、测绘组的工作人员到达每一标桩点时,都要进行检查,对有怀疑的可进行复量,并在工作过程中相互核对,发现差错随时更正。

②登记和障碍处理的工作内容包括:编写标桩编号,以累计距离作为标桩编号,一般只写百以下三位数;登记过河、沟渠、沟坎的高度、深度、长度,穿越铁路、公路的保护民房、靠近坟墓、树木、房屋、电杆等的距离,各项防护加固措施和工程量;确定S弯预留量。

③钉标桩的工作内容包括:登记各测挡内的土质、距离;在线路的终点、转弯点、水线起止点以及直线段每100 m处钉一个标桩。

3. 测绘组

(1)工作任务。主要负责现场测绘图纸,保证图纸的完整性与准确性,经整理后将其作为施工图纸。

(2)工作内容。与测距组合作,共同完成如下工作内容:

①丈量通信线路与孤立大树、电杆、房屋、坟堆等的距离。

②测定山坡路由中坡度大于20°的地段。

③在路由转弯点,穿越河流、铁路、公路处以及直线段每隔1 km左右的地方进行三角定标。

④测绘通信线路穿越铁路、公路干线、堤坝的平面断面图。

⑤绘制线路引入局(站)进线室、机房内的布缆路由及安装图。

⑥绘制线路引入无人再生中继站的布缆路由及安装图。

⑦测绘市区新建管道的平面、断面图,原有管道路由及主要人孔展开图。

⑧绘制线路附挂桥上安装图。

⑨绘制架空线路施工图,包括配杆高、定拉线程式、定杆位和拉线地锚位置,登记杆上设备安装内容。

4. 测防组

（1）工作任务。配合测距组、测绘组提出防雷、防蚀的意见，了解接地装置设置处的土壤电阻率的有关情况，并对其进行测量。

（2）工作内容：

①抽测土壤的 pH 值。

②对土壤电阻率进行测试，包括平原地区每 1 km 测 P2 值一处，每 2 km 测 P10 值一处；山区土壤电阻率有明显变化的地方每 1 km 测值 P2 值和 P10 值各一处；需要安装防雷接地的地点。

注：P2 指的是 2 m 深处的土壤电阻率；P10 指的是 10 m 深处的土壤电阻率。

5. 对外调查联系组

（1）工作任务。对外调查联系组的工作任务包括：进入现场做详细的调查工作，以解决初步设计中遗留的问题。

（2）工作内容。对外调查联系组的工作内容包括：签订协议；请当地领导去现场；洽谈赔偿问题；了解施工时住宿、工具机械和材料囤放及沿途可能提供劳力的情况。

（三）绘图

（1）为了规范制图，对通信工程制图的总体要求如下：

①工程制图应根据表述对象的性质、论述的目的与内容，选取适宜的图纸及表达手段，以便完整地表述主题内容。当几种手段均可达到目的时，应采用简单的方式。

②图面应布局合理、排列均匀、轮廓清晰和便于识别。

③应选用合适的图线宽度，避免图中的线条过粗、过细。

④正确使用国标和行标规定的图形符号。派生新的符号时，应符合国标符号的派生规律，并应在合适的地方加以说明。

⑤在保证图面布局紧凑和使用方便的前提下，应选择合适的图纸幅面，使原图大小适中。

⑥应准确地按规定标注各种必要的技术数据和注释，并按规定进行书写或打印。

⑦工程图纸应按规定设置图衔，并按规定的责任范围签字。各种图纸应按规定顺序编号。

⑧根据表述对象的规模大小、复杂程度、所要表达的详细程度、有无图衔及注释的数量来选择较小的合适幅面。

（2）绘制通信工程图纸的要求及注意事项：

①所有类型的图纸除勘察草图以外必须采用 AutoCAD 软件按比例绘制。

②严禁采用非标准图框绘图和出图，建议尽量采用 A3、A4 标准图框。

③每张图纸必须有指北针指示正北方向。

④每张图纸外应插入标准图框和图衔，并根据要求在图衔中加注单位比例、设计阶段、日期、图名、图号等。

⑤图纸整体布局要协调、清晰美观。

⑥图纸应标注清晰、完整，图与图之间连贯，当一张图纸上画不下一副完整图时，需要有接图符号。

⑦对一个工程项目下的所有图纸应按要求编号，相邻图纸编号应相连。

（3）绘制通信工程图纸的具体要求。

①绘制勘察草图的要求如下：

- 绘制草图时尽可能按照比例记录。
- 图中标明线路经过的村、镇名称,如果经过住户,需要标明门牌号。
- 对 50 m 以内的明显标志物要标注清楚。
- 管线所经过的交越线路、庄稼地、经济作物用地等要标注清楚。
- 草图要标注清楚标桩的位置、障碍的位置和处理方式(应记录障碍断面)、管道离路距离、路的走向和名称、正北方向和转角、周围的大型参照物以及其他杆路、地下管线、电力线路。
- 桩号编写原则为编号以每个段落的起点为 0,按顺时针方向排列。测量及编号应当以交换局方向为起点。

②绘制直埋线路施工图的要求如下:

- 绘制线路图要注重通信路由与周围参照物之间的统一性和整体性。
- 如果需要反映工程量,要在图纸中绘制工程量表。
- 埋式光缆线路施工图应以路由为主,将路由长度和穿越的障碍物绘入图中。路由 50 m 以内的地形、地物要详绘,50 m 以外的部分要重点绘出与车站、村庄等的距离。
- 光电缆线路穿越河流、铁道、公路、沟坎时,应在图纸上绘出所采取的各项防护加固措施。
- 通常直埋线路施工图按 1:2 000 的比例绘制,并按比例补充绘入地形、地物。

③绘制架空杆路图的要求如下:

- 架空线路施工图需按 1:2 000 的比例绘制。
- 在图上绘出杆路路由、拉线方向,标出实地量取的杆距、每根电杆的杆高。
- 绘出路由两侧 50 m 范围内参照物的相对位置示意图,并标出乡镇村庄、河流、道路、建筑设施、街道、参照物等的名称及道路、光电缆线路的大致方向。
- 必须在图中反映出与其他通信运营商杆线交越或平行接近的情况,并标注接近处线路间的隔距及电杆杆号。
- 注明各段路由的土质及地形,如山地、旱地、水田等。
- 线路的各种保护盒处理措施、长度数量必须在图纸中明确标注。对特殊地段必须加以文字说明。

④绘制通信管道施工图的要求如下:

- 绘出道路纵向断面图,并标出道路纵向主要地面和地下建筑设施之间的距离。
- 绘出管道路由图,标出人手孔位置和人手孔编号、管道段长,对人手孔位置需要标清三角定标距离和参照物。
- 绘出管道两侧 50 m 内固定建筑设施的示意图,并标出路名、建筑设施名称等。
- 在图上标明各段路面的程式、土质类别。
- 新建通信管道设计图纸比例横向 1:500,纵向 1:50。

(4)设计图纸时的常见问题。

在绘制通信工程图纸方面,根据以往的经验,常会出现以下问题,下面总结出来,以便借鉴。

①图纸说明中序号会排列错误。

②图纸说明中缺标点符号。

③图纸中出现尺寸标注字体不一或标注太小。

④图纸中缺少指北针。

⑤平面图或设备走线图在图衔中缺少单位。

⑥图衔中图号与整个工程编号不一致。

⑦在出设计图时,前、后图纸编号顺序有问题。

⑧在出设计图时,图衔中的图名与目录不一致。

⑨在出设计图时,图纸中内容颜色深浅不一。

任务三　通信建设工程概预算

☁ 任务描述

　　信息通信建设工程概算、预算是工程项目设计文件的重要组成部分,是根据各个不同阶段的设计深度要求和建设内容,按照国家主管部门颁发的预算定额和费用定额、费用标准、设备和材料价格、编制方法等相关规定,对建设项目按照实物工作量法预先计算和确定从工程筹建至竣工交付使用所需全部费用的文件。本任务介绍通信建设工程中的概预算的编制方法、文件组成和编制程序。

⊛ 任务目标

- 识记:工程概预算文件的组成。
- 领会:工程概预算编制办法。
- 应用:概预算编制程序。

◉ 任务实施

一、通信建设工程概预算概述

（一）通信建设工程概预算编制办法

微视频

通信建设工程概预算

1. 编制总则

　　（1）为适应通信建设工程的发展需要,根据《建筑安装工程费用项目组成》（建标〔2003〕206号）等有关文件,对原邮电部《通信建设工程概算、预算编制办法及费用定额》（邮部〔1995〕626号）中的概算、预算编制办法进行修订。

　　（2）本办法适用于通信建设项目新建和扩建工程的概算、预算的编制,改建工程可参照使用。通信建设项目涉及土建工程、通信铁塔安装工程时,应按各地区有关部门编制的土建、铁塔安装工程的相关标准编制工程概算、预算。

　　（3）通信建设工程概算、预算应包括从筹建到竣工验收所需的全部费用,其具体内容、计算方法、计算规则应依据信息产业部发布的现行通信建设工程定额及其他有关计价依据进行编制。

　　（4）通信建设工程概算、预算的编制应由具有通信建设相关资质的单位编制;概预算编制、审核以及从事通信工程造价的相关人员必须持有信息产业部颁发的《通信建设工程概预算人员资格证书》。

2. 设计概算与施工图预算的编制

（1）通信建设工程概算、预算的编制，应按相应的设计阶段进行。当建设项目采用两阶段设计时，在初步设计阶段编制设计概算，在施工图设计阶段编制施工图预算。采用一阶段设计时，应编制施工图预算，并列预备费、投资贷款利息等费用。采用三阶段设计时，在技术设计阶段编制修正概算。

（2）设计概算是初步设计文件的重要组成部分。编制设计概算应在投资估算的范围内进行。施工图预算是施工图设计文件的重要组成部分。编制施工图预算应在批准的设计概算范围内进行。

（3）一个通信建设项目如果有几个设计单位共同设计，总体设计单位应负责统一概算、预算的编制原则，并汇总建设项目的总概算。分设计单位负责本设计单位所承担的单项工程概算、预算的编制。

（4）通信建设工程概算、预算应按单项工程编制。通信建设单项工程项目划分见表8-3-1。

表 8-3-1　通信建设单项工程项目划分

专 业 类 别	单项工程名称	备　注
通信线路工程	①××光、电缆线路工程。 ②××水底光、电缆工程（包括水线房建筑及设备安装）。 ③××用户线路工程（包括主干及配线光缆、电缆，交接及配线设备，集线器，杆路等）。 ④××综合布线系统工程	进局及中继光（电）缆工程可将每个城市作为一个单项工程
通信管道建设工程	通信管道建设工程	—
通信传输设备安装工程	①××数字复用设备及光、电设备安装工程。 ②××中继设备、光放设备安装工程	—
微波通信设备安装工程	××微波通信设备安装工程（包括天线、馈线）	—
卫星通信设备安装工程	××地球站通信设备安装工程（包括天线、馈线）	—
移动通信设备安装工程	①××移动控制中心设备安装工程。 ②基站设备安装工程（包括天线、馈线）。 ③分布系统设备安装工程	—
通信交换设备安装工程	××通信交换设备安装工程	—
数据通信设备安装工程	××数据通信设备安装工程	—
供电设备安装工程	××电源设备安装工程（包括专用高压供电线路工程）	—

（5）设计概算的编制依据：批准的可行性研究报告；初步设计图纸及有关资料；国家相关管理部门发布的有关法律、法规、标准规范；《通信建设工程预算定额》（目前通信工程用预算定额代替概算定额编制概算）、《通信建设工程费用定额》、《通信建设工程施工机械、仪表台班费用定额》及其有关文件；建设项目所在地政府发布的土地征用和赔补费等有关规定；有关合同、协议等。

（6）施工图预算的编制依据：批准的初步设计概算及有关文件；施工图、标准图、通用图及其编制说明；国家相关管理部门发布的有关法律、法规、标准规范；《通信建设工程预算定额》《通信建设工程费用定额》《通信建设工程施工机械、仪表台班费用定额》及其有关文件；建设项目所在地政府发布的土地征用和赔补费等有关规定；有关合同、协议等。

3. 引进设备安装工程概算、预算的编制

（1）引进设备安装工程概算、预算的编制依据。除参照表 8-3-10、表 8-3-11 所列条件外，还应依据国家和相关部门批准的引进设备工程项目订货合同、细目及价格，以及国外有关技术经济资料和相关文件等。

（2）引进设备安装工程的概算、预算（指引进器材的费用），除必须编制引进国的设备价款外，还应按引进设备的到岸价的外币折算成人民币的价格，依据本办法有关条款进行编制。

引进设备安装工程的概算、预算应用两种货币表现形式，其外币表现形式可用美元或引进国货币。

（3）引进设备安装工程的概算、预算除应包括本办法和费用定额规定的费用外，还应包括关税、增值税、工商统一税、海关监管费、外贸手续费、银行财务费和国家规定应计取的其他费用，其计取标准和办法应参照国家或相关部门的有关规定。

（二）通信建设工程概预算文件的组成

通信建设工程概预算文件由编制说明和概预算表组成。

1. 编制说明

编制说明的内容如下：

（1）工程概况、概算总价值。

（2）编制依据及采用的取费标准和计算方法的说明：依据的设计、定额及地方政府的有关规定和信息产业部未做统一规定的费用计算依据和说明。

（3）工程技术经济指标分析：主要分析各项投资的比例和费用构成，分析投资情况，说明设计的经济合理性及编制中存在的问题。

（4）其他需要说明的问题。

2. 概预算表

通信建设工程概预算表格统一使用表 8-3-2 ~ 表 8-3-11 所示 10 张表格，分别为建设项目总概预算表（汇总表）、工程概预算总表（表一）、建筑安装工程费用概预算表（表二）、建筑安装工程量概预算表（表三）甲、建筑安装工程机械使用费概预算表（表三）乙、建筑安装工程仪器仪表使用费概预算表（表三）丙、国内器材概预算表（表四）甲、引进器材概预算表（表四）乙、工程建设其他费用概预算表（表五）甲、引进设备工程建设其他费用概预算表（表五）乙。

（1）建设项目总概预算表（汇总表）。该表供编制建设项目总费用使用，建设项目的全部费用在本表中汇总，见表 8-3-2。

表 8-3-2　建设项目总概预算表（汇总表）

建设项目名称：

建设单位名称：　　　　　　　　　　表格编号：　　　　　　　　　第　页

序号	表格编号	单项工程名称	小型建筑工程费	需要安装的设备费	不需安装的设备、工器具费	建筑安装工程费	其他费用	预备费	总价值		生产准备及开办费/元
					/元				人民币/元	其中外币	
I	II	III	IV	V	VI	VII	VIII	IX	X	XI	XII

188

续表

序号	表格编号	单项工程名称	小型建筑工程费	需要安装的设备费	不需安装的设备、工器具费	建筑安装工程费	其他费用	预备费	总价值		生产准备及开办费/元
					/元				人民币/元	其中外币	
I	II	III	IV	V	VI	VII	VIII	IX	X	XI	XII

设计负责人： 　审核： 　编制： 　编制日期： 　年 　月

（2）工程概预算总表（表一）。本表供编制单项（单位）工程概算（预算）使用，见表8-3-3。

表 8-3-3　工程概预算总表（表一）

建设单位名称： 　表格编号： 　第 　页

序号	表格编号	费用名称	小型建筑工程费	需要安装的设备费	不需要安装的设备、工器具费	建筑安装工程费	其他费用	预备费	总价值	
					/元				人民币/元	其中外币
I	II	III	IV	V	VI	VII	VIII	IX	X	XI

设计负责人： 　审核： 　编制： 　编制日期： 　年 　月

（3）建筑安装工程费用概预算表（表二）。本表供编制建筑安装工程费使用，见表8-3-4。

表 8-3-4　建筑安装工程费用概预算表（表二）

工程名称： 　建设单位名称： 　表格编号： 　第 　页

序 号	费 用 名 称	依据和计算方法	合计/元
I	II	III	IV
	建筑安装工程费		

续表

序 号	费 用 名 称	依据和计算方法	合计/元
I	II	III	IV
一	直接费		
（一）	直接工程费		
1	人工费		
（1）	技工费		
（2）	普工费		
2	材料费		
（1）	主要材料费		
（2）	辅助材料费		
3	机械使用费		
4	仪表使用费		
（二）	措施费		
1	环境保护费		
2	文明施工费		
3	工地器材搬运费		
4	工程干扰费		
5	工程点交、场地清理费		
6	临时设施费		
7	工程车辆使用费		
8	夜间施工增加费		
9	冬雨季施工增加费		
10	生产工具用具使用费		
11	施工用水电蒸气费		
12	特殊地区施工增加费		
13	已完工程及设备保护费		
14	运土费		
15	施工队伍调遣费		
16	大型施工机械调遣费		
二	间接费		
（一）	规费		
1	工程排污费		
2	社会保障费		
3	住房公积金		
4	危险作业意外伤害保险费		
（二）	企业管理费		
三	利润		合计（元）
四	税金		

设计负责人：　　　　审核：　　　　编制：　　　　编制日期：　　　年　　月

（4）建筑安装工程量概预算表（表三）甲。本表供编制工程量，并计算技工和普工总工日数量使用，见表8-3-5。

表 8-3-5　建筑安装工程量概预算表（表三）甲

工程名称：　　　　　建设单位名称：　　　　　表格编号：　　　　　第　页

序号	定额编号	项目名称	单位	数量	单位定额值/工日		合计值/工日	
					技工	普工	技工	普工
I	II	III	IV	V	VI	VII	VIII	IX

设计负责人：　　　审核：　　　编制：　　　编制日期：　　　年　月

（5）建筑安装工程机械使用费概预算表（表三）乙。本表供编制本工程所列的机械费用汇总使用，见表8-3-6。

表 8-3-6　建筑安装工程机械使用费概预算表（表三）乙

工程名称：　　　　　建设单位名称：　　　　　表格编号：　　　　　第　页

序号	定额编号	项目名称	单位	数量	机械名称	单位定额值		合计值	
						数量/台班	单价/元	数量/台班	合价/元
I	II	III	IV	V	VI	VII	VIII	IX	X

设计负责人：　　　审核：　　　编制：　　　编制日期：　　　年　月

（6）建筑安装工程仪器仪表使用费概预算表（表三）丙。本表供编制本工程所列的仪表费用汇总使用，见表 8-3-7。

表 8-3-7　建筑安装工程仪器仪表使用费概预算表（表三）丙

工程名称：　　　　　　　　建设单位名称：　　　　　　　　表格编号：　　　　　　　　第　页

序号	定额编号	项目名称	单位	数量	仪表名称	单位定额值		合计值	
						数量/台班	单价/元	数量/台班	合价/元
I	II	III	IV	V	VI	VII	VIII	IX	X

设计负责人：　　　　审核：　　　　编制：　　　　编制日期：　　　年　月

（7）国内器材概预算表（表四）甲。本表供编制本工程的主要材料、设备和工器具的数量和费用使用，见表 8-3-8。

表 8-3-8　国内器材概预算表（表四）甲

工程名称：　　　　　　　　建设单位名称：　　　　　　　　表格编号：　　　　　　　　第　页

序号	名称	规格程式	单位	数量	单价/元	合计/元	备注
I	II	III	IV	V	VI	VII	VIII

设计负责人：　　　　审核：　　　　编制：　　　　编制日期：　　　年　月

（8）引进器材概预算表（表四）乙。本表供编制引进工程的主要材料、设备和工器具的数量和费用使用，见表 8-3-9。

表 8-3-9　引进器材概预算表（表四）乙

工程名称：　　　　建设单位名称：　　　　表格编号：　　　　第　页

序号	中文名称	外文名称	单位	数量	单价		合价	
					外币	折合人民币/元	外币	折合人民币/元
I	II	III	IV	V	VI	VII	VIII	IX

设计负责人：　　　审核：　　　编制：　　　编制日期：　　　年　月

（9）工程建设其他费概预算表（表五）甲。本表供编制国内工程计列的工程建设其他费使用，见表8-3-10。

表 8-3-10　工程建设其他费概预算表（表五）甲

工程名称：　　　　建设单位名称：　　　　表格编号：　　　　第　页

序号	费用名称	计算依据及方法	金额/元	备注
I	II	III	IV	V
1	建设用地及综合赔补费			
2	建设单位管理费			
3	可行性研究费			
4	研究试验费			
5	勘察设计费			
6	环境影响评价费			
7	劳动安全卫生评价费			
8	建设工程监理费			
9	安全生产费			
10	工程质量监督费			
11	工程定额测定费			
12	引进技术及引进设备其他费用			
13	工程保险费			

序号	费用名称	计算依据及方法	金额/元	备注
Ⅰ	Ⅱ	Ⅲ	Ⅳ	Ⅴ
14	工程招标代理费			
15	专利及专利技术使用费			
16	生产准备及开办费(运营费)			
	总计			

设计负责人：　　　审核：　　　编制：　　　编制日期：　　　年　　月

（10）引进设备工程建设其他费用概预算表（表五）乙。本表供编制引进工程计列的工程建设其他费用,见表 8-3-11。

表 8-3-11　引进设备工程建设其他费用概预算表（表五）乙

工程名称：　　　建设单位名称：　　　表格编号：　　　第　　页

序号	费用名称	计算依据及方法	金额		备注
			外币	折合人民币/元	
Ⅰ	Ⅱ	Ⅲ	Ⅳ	Ⅴ	Ⅵ

设计负责人：　　　审核：　　　编制：　　　编制日期：　　　年　　月

二、编制概预算程序

（一）收集资料,熟悉图纸

在编制概预算之前,必须熟悉图纸,详尽地掌握图纸和有关设计资料。例如,编制施工图预算需要熟悉施工组织设计和现场情况,了解施工方法、工序、操作及施工组织、进度。要掌握单位工程各部位建筑概况,诸如层数、层高、室内外标高、墙体、楼板、顶棚材质、地面厚度、墙面装饰等工程的做法。对工程的全貌和设计意图有全面、详细的了解以后,才能正确使用定额结合各分部的工程项目计算相应工程量。

（二）计算工程量

工程量是确定工程造价的基础数据,计算要符合有关规定。工程量往往要综合包含多种工序的实物量。工程量的计算应以图纸及设计文件参照概预算定额计算工程量的有关规定列项、计算。工程量计算要求认真、仔细,既不重复计算,又不漏项。计算底稿要清晰、整齐、便于复查。

（三）套用定额,选用价格

将工程量计算底稿中的概预算项目、数量填入工程概预算表中,套用相应定额子目。

建设工程概预算定额有关工程量计算的规则、规定等,是正确使用定额计算定额"三量"的重要依据。因此,在编制施工图概预算计取工作量之前,必须弄清楚定额所列项目包括的内容、适用范围、计量单位及工程量的计算规则等,以便为工程项目的准确列项、计算、套用定额子目做好准备。

（四）计算各项费用

根据《通信建设工程费用定额》《通信建设工程施工机械、仪表台班费用定额》及其有关文件,分别计算各项费用,并按照通信建设工程概预算表格的填写要求填写表格。

（五）复核

上述表格计算完毕后,为确保其准确性,应进行全面检查。

（六）编写编制说明

经有关人员复核后,结合工程及编制情况填写编写说明。将概预算表格中不能反映的一些事项以及编制中必须说明的问题,用文字表达出来。

（七）审核

概预算文件编制完成后,要严格按照国家有关工程项目建设的方针、政策和规定对其中的费用逐项实事求是地进行核实。审核后集中送建设单位签证、盖章,然后才能确定其合法性。

项目小结

一般大中型光纤通信工程的建设程序可分为规划、设计、准备、工程施工和竣工投产五个阶段。

规划阶段包括编写项目建议书、可行性研究、专家评估和编写设计任务书四部分内容。设计阶段的主要任务就是编制设计文件并对其进行审定。准备阶段包括工程准备和工程计划。工程施工是按照施工图设计规定的内容、合同的要求和施工组织设计,由施工单位组织与工程量相适应的施工人员施工。竣工投产阶段主要包括工程初验、生产准备、工程移交和试运行以及竣工验收等方面。

光缆线路工程设计根据过程项目规模、性质等的不同,可以由初步设计、技术设计和施工图设计三个阶段组成。

光纤传输最长中继段距离由光纤衰减和色散等因素决定。由于系统内因素影响程度不同,中继段距离的设计方式也不同。

通信工程勘察包括查勘和测量两个工序。查勘工作结束后,应进行施工图测量,它实际上是与现场设计的结合过程,是施工图的具体测绘工作,设计过程中很大一部分问题需在测量时解决。

通信建设工程概算、预算是工程项目设计文件的重要组成部分,必须遵守一定的原则,按照一定的程序进行编写。通信建设工程概预算文件由编制说明和概预算表组成。

───── 拓展学习 ─────

有史以来,人类就试图用图形来表达和交流思想,从远古的洞穴中的石刻可以看出在没有语言、文字前,图形就是一种有效的交流思想的工具。考古发现,早在公元前 2600 年就出现了可以成为工程图样的图,那是一幅刻在泥板上的神庙地图。

1795 年,法国科学家加斯帕·蒙日归纳各种表达方法,发表了《画法几何》著作,蒙日所说明的画法是以互相垂直的两个平面作为投影面的正投影法。蒙日方法对世界各国科学技术的发展产生巨大影响,并在科技界,尤其在工程界得到广泛的应用和发展。

我国在 2000 年前就有了正投影法表达的工程图样,1977 年冬在河北省平山县出土的公元前 323—公元前 309 年的战国中山王墓,发现在青铜板上用金银线条和文字制成的建筑平面图,这也是世界上罕见的最早工程图样。

此外,宋代天文学家、药学家苏颂所著的《新仪象法要》,元代农学家王桢撰写的《农书》,明代科学家宋应星所著的《天工开物》等书中都有大量为制造仪器和工农业生产所需要的器具和设备的插图。

20 世纪 70 年代,计算机图形学、计算机辅助设计(CAD)、计算机绘图在我国得到迅猛发展,除了国外的图形、图像软件如 AutoCAD、CADkey、Pro/E 等得到广泛应用外,我国自主开发的一批国产绘图软件,如天正建筑 CAD、高华 CAD、开目 CAD、凯图 CAD 等也在设计、教学、科研生产单位得到广泛应用。

※ 思考与练习

一、填空题

1. 一般大中型光纤通信工程的建设程序可分为规划、设计、_____、工程施工和_____五个阶段。

2. 在光纤通信工程的建设规划阶段,主要工作包括编写项目建议书、_____、专家评估和_____四部分内容。

3. 设计文件是进行工程建设、指导施工的重要依据,一般由_____、_____和_____三部分组成。

4. 通信工程勘察包括查勘和测量两个工序。其根据工程规模可分为_____、_____和现场测量三个阶段。

5. 查勘工作结束后,应进行_____,它实际上是与现场设计的结合过程,是施工图的具体测绘工作,设计过程中的很大一部分问题需要在测量时解决。

二、判断题

1. 一般通信建设项目设计按初步设计和施工图设计两个阶段进行,称为"两阶段设计";对于通信技术上复杂的,采用新通信设备和新技术的项目,可增加技术设计阶段,按初步设计、技术设计、施工图设计三个阶段进行,称为"三阶段设计";对于规模较小、技术成熟或套用标准的通信工程项目,可直接进行施工图设计,称为"一阶段设计"。　　　　　　　　(　　)

2. 光缆线路工程设计根据过程项目规模、性质等的不同,可以由初步设计、技术设计和施工图设计三个阶段组成。　　　　　　　　(　　)

3. 通信建设工程概预算文件由编制说明和概预算表组成。　　　　　　　　　　（　　）

4. 工程量是确定工程造价的基础数据,计算要符合有关规定。工程量往往要综合包含多种工序的实物量。但是,工程量的计算不必以图纸及设计文件参照概预算定额计算工程量的有关规定列项、计算。　　　　　　　　　　　　　　　　　　　　　　　　　（　　）

5. 概预算文件编制完成后,要严格按照国家有关工程项目建设的方针、政策和规定对其中费用实事求是地进行逐项核实。审核后集中送建设单位签证、盖章,然后才能确定其合法性。
　　　　　　　　　　　　　　　　　　　　　　　　　　　　　　　　　　　（　　）

三、简答题

1. 项目建议书是工程建设程序中最初阶段的工作,是投资决策前拟定该工程项目的轮廓设想,是选择建设项目的依据。其主要内容包括哪些?

2. 可行性研究是指在决定一个建设项目之前,事先对拟建项目在工程技术和经济上是否合理可行进行全面分析、论证和方案比较,推荐最佳方案,为决策提供科学依据。其主要内容有哪些?

3. 设计任务书是确定建设方案的基本文件,是编制设计文件的主要依据,是根据可行性研究推荐的最佳建设方案进行编写的。其主要内容包括哪些?

4. 一般大中型光纤通信工程的建设程序可分为规划、设计、准备、工程施工和竣工投产五个阶段。其中设计阶段的主要内容有哪些?

5. 在一般大中型光纤通信工程的建设程序中准备阶段包括工程准备和工程计划。工程准备包括工程开工前的所有准备工作;工程计划是指对工程进度进行合理分配的进度控制时间表。准备阶段的主要内容包括哪些?

6. 光纤通信工程设计是工程建设的重要环节,光纤通信工程设计的一般要求有哪些?

7. 简述光缆线路路由的选择原则。

8. 简述光缆线路需要进行哪些防护设计。

9. 在光缆施工测量过程中,测量准备人员一般分为哪五个大组?

10. 通信建设工程概预算文件由编制说明和概预算表组成,其中编制说明的内容主要包括哪些?

附录 A　缩　略　语

缩　写	英 文 全 称	中 文 全 称
ADM	Add-Drop Multiplexer	分插复用器
AGC	Automatic Gain Control	自动增益控制
APC	Automatic Power Control	自动功率控制
APD	Avalanche Photodiode	雪崩光电二极管
APS	Automatic Protection Switching	自动保护倒换
ASE	Amplified Spontaneous Emission	放大自发辐射
ASON	Automatically Switched Optical Network	自动交换光网络
ATC	Automatic Temperature Control	自动温度控制
ATM	Asynchronous Transfer Mode	异步传输模式
AU	Administrative Unit	管理单元
AUG	Administrative Unit Group	管理单元组
BA	Booster Amplifier	后背放大器
BBE	Background Block Error	背景块差错
BBER	Background Block Error Ratio	背景块差错比
BCP	Burst Control Packet	控制分组
BER	Bit Erro Rate	比特误差率
BFA	Brillouin Fiber Amplifier	布里渊光纤放大器
CC	Connection Controller	连接控制器
CCF	Carbon Coated Fiber	碳涂层光纤
CPU	Central Processing Unit	中央处理单元
CWDM	Coarse Wavelength Division Multiplexer	粗波分复用
DA	Discovery Agent	发现代理组件
DBA	Dynamically Bandwidth Assignment	动态带宽分配
DBR	Distributed Brag Reflection	分布布拉格反射
DCF	Dispersion Compensation Single Mode Fiber	色散补偿单模光纤
DCN	Data Communication Network	数据通信网
DFB	Distributed Feedback Laser	分布反馈式激光器
DQDB	Distributed Queue Dual Bus	分布排列双总线
DR	Dynamic Range	动态范围

缩　　写	英　文　全　称	中　文　全　称
DRA	Distributed Raman Fiber Amplifier	分布式拉曼光纤放大器
DWDM	Dense Wavelength Division Multiplexing	高密度波分多路复用技术
DXC	Digital Exchange Connection	数字交叉连接
EDFA	Erbium Doped Fiber Amplifier	掺铒光纤放大器
EMS	ElementManagementSystem	网元管理系统
ES	Error Seconds	误码秒
ESA	Excited State Absorption	激发态吸收
ESR	Errored Second Ratio	误码秒率
EX	Extinction Ratio	消光比
FAS	Frame Alignment Signal	帧定位信号
FC	Ferrule Connector	金属圈连接头
FDDI	Fiber Distributed Data Interface	布式数据接口
GSA	Ground State Absorption	基态吸收
HRDL	Hypothesis Reference Digital Link	假设参考数字链路
HRDS	Hypothetical Reference Digital Section	设参考数字段
HRX	Hypothetical Reference Connection	假设参考连接
IC	Integrated Circuit	集成电路
ION	Intelligence Optical Networks	智能光网络
IP	Internet Protocol	网际协议
IPTV	Internet Protocol Television	网络电视
LA	Line Amplifier	中继放大器
LC	Lucent Connector	朗讯连接头
LED	Light Emitting Diode	发光二极管
LER	Label Switching Edge Router	标签交换边缘路由器
LRM	Link Resource Manager	链路资源管理器
LSB	Least Significant Bit	最低有效位
LSR	Label Switching Router	标签交换路由器
MCF	Metal Coated Fiber	金属涂层光纤
MFAS	MultiFrame Alignment Signal	复帧定位信号
MLM	Multiple Longitudinal Mode	多纵模激光器
MPLS-TP	MPLS Transport Profile	MPLS 传送平台
MQW	Multiple Quantum Well	多量子阱

缩　写	英 文 全 称	中 文 全 称
MSB	Most Significant Bit	最高有效位
MSOH	Multiplexed Section Overhead	复用段开销
MSTP	Multi-Service Transport Platform	多业务传送平台
NE	Net Element	网元
NNI	Network Node Interface	网络节点接口
NRZ	Non-Return-To-Zero	非归零码
NZDF	Non Zero Dispersion Fiber	非零色散光纤
OADM	Optical Add-Drop Multiplexer	光分插复用器
OAM	Operation, Administration and Maintenance	操作管理维护
OCC	Optical Channel carrier	光通路载波
OCh	Optical Channel Layer	光通道层
OEIC	Opto-Electronic Integrated Circuit	光电集成电路
OFA	Optical Fiber Ampler	光纤放大器
OFDM	Orthogonal Frequency Division Multiplexing	正交频分多路复用技术
OLT	Optical Line Terminal	光线路终端
OMS	Multiplex Section Layer	光复用段层
ONU	Optical Network Unit	光网络单元
OPU	Optical Channel Payload Unit	光通道净荷单元
OSC	Optical Supervisory Channel	光监控通道
OTDR	Optical Time Domain Reflectometry	光时域反射计
OTN	Optical Transport Network	光传送网
OTS	Optical Transmission Layer	光传输段层
OUT	Optical Transponder Unit	光波长转换技术
OXC	Optical Cross-Connect	光交叉连接
PA	Preamplifier	前置放大器
PC	Protocol Controller	协议控制器
PCF	Plastic Clad Fiber	塑包光纤
PD	Photodiode	光电二极管
PDFA	Praseodymium Doped Fiber Amplifier	掺镨光纤放大器
PIC	Photonic Integrated Circuit	光子集成电路
POH	Path Overhead	通道开销
PON	Passive Optical Network	无源光网络

缩　　写	英　文　全　称	中　文　全　称
POR	Plastic Optical Fiber	全塑光纤
POS	Passive Optical Splitter	无源光分路器
PSN	Packet Switched Network	分组交换网
PTN	Packet Transport Network	分组传送网
PWE3	Pseudo Wire Edge to Edge Emulation	端到端的伪线仿真
RC	Routing Controller	路由控制器
RDI	Remote Defect Indication	远端缺陷指示告警
REG	Regenerator	再生中继器
RES	Reserved for future international standardization	保留字节
RFA	Raman Fiber Amplifier	拉曼光纤放大器
RSOH	Regenerator Section Overhead	再生段开销
RZ	Return-To-Zero	归零码
SBS	Stimulated Brillouin Scattering	受激布里渊散射
SC	Square Connector	方形连接头
SDH	Synchronous Digital Hierarchy	同步数据系列
SDXC	Synchronize Digital Exchange Connections	同步数字交叉连接
SESR	Serious Errored Second Ratio	严重误码秒率
SLM	Single Longitudinal Mode Laser	单纵模激光器
SMSR	Side-Mode Suppression Ratio	最小边模抑制比
SNR	Signal Noise Ratio	信噪比
SOA	Semiconductor Optical Amplifier	半导体光放大器
SOH	Section Overhead	段开销
SONET	Synchronous Optical Network	同步光网络
SRS	Stimulated Raman Scattering	受激拉曼散射
ST	Stab & Twist	卡套
STM	Synchronous Transfer Module	同步传输模式
TAP	Termination And Adaptation Performer	终端和适配组件
TM	Termination Multiplexer	终端复用器
TP	Transport Profile	流量策略
TSI	Time-Slot Interchange	时隙交换
TU	Tributary Unit	支路单元
TUG	Tributary Unit Group	支路单元组

缩　　写	英 文 全 称	中 文 全 称
VC	Virtual Circuit	虚电路
VCSEL	Vertical Cavity Surface Emitting Laser	垂直空腔表面发射激光器
VLL	Virtual Leased Line	虚拟专线
WDM	Wavelength Division Multiplexer	波分复用

参 考 文 献

［1］朱勇,王江平,卢麟.光通信原理与技术［M］.2 版.北京:科学出版社,2018.

［2］朱宗玖.光纤通信原理与应用［M］.北京:清华大学出版社,2013.

［3］邓大鹏.光纤通信原理［M］.北京:人民邮电出版社,2004.

［4］柳春锋.光纤通信技术［M］.北京:北京理工大学出版社,2010.